建筑工程数字设计系列丛书

U0172952

基于 Revit 的结构正向设计实战

方长建　康永君　主编

中国建筑工业出版社

图书在版编目（CIP）数据

基于 Revit 的结构正向设计实战/方长建，康永君主编. —北京：中国建筑工业出版社，2022.9
（建筑工程数字设计系列丛书）
ISBN 978-7-112-27713-1

Ⅰ.①基… Ⅱ.①方…②康… Ⅲ.①建筑设计-计算机辅助设计-应用软件 Ⅳ.①TU201.4

中国版本图书馆 CIP 数据核字（2022）第 141540 号

本书以设计视角介绍了设计、校审等不同工作角色采用 Revit 进行工作的一些方法和技巧，涵盖了初步设计、施工图设计等不同阶段。全书共分 9 章，包括概述、基础概念与设计准备、协同设计、建模、初步设计、施工图设计、BIM 模型校审、Revit 使用常见问题及处理方法、常见结构软件介绍等内容。

本书可供使用 Revit 软件进行结构设计的工程技术人员参考。

责任编辑：武晓涛　李天虹
责任校对：姜小莲

建筑工程数字设计系列丛书
基于 Revit 的结构正向设计实战
方长建　康永君　主编

*

中国建筑工业出版社出版、发行（北京海淀三里河路 9 号）
各地新华书店、建筑书店经销
北京科地亚盟排版公司制版
北京君升印刷有限公司印刷

*

开本：787 毫米×1092 毫米　1/16　印张：16¼　字数：399 千字
2022 年 11 月第一版　　2022 年 11 月第一次印刷
定价：**60.00** 元
ISBN 978-7-112-27713-1
（39542）

序　一

当前，数字化技术方兴未艾，正在深刻地改变甚至颠覆建筑设计行业原有的生产方式和竞争格局。国家在"十四五"规划中明确提出要"加快数字化发展　建设数字中国"，国务院国资委要求"加快推进国有企业数字化转型工作"。对于建筑设计行业特别是国有建筑设计咨询企业，加快数字化转型，不仅是全面贯彻落实上级工作要求的政治自觉，更是推动企业持续、健康、高质量发展的现实需要。

中建西南院历来十分重视 BIM 和数字化等新型信息技术的研究、应用和推广，坚持以"中建 136 工程"为统揽，以数字设计院为目标，企业决策层制定发展战略，信息化管理部、数字化专项委员会结合实践制定年度计划和管理办法，数字创新设计研究中心先行先试，探索适合企业 BIM 和数字化的发展路径，生产院、专业院所、中心工作室、各分支机构等逐步扩大 BIM 正向设计和数字化应用的比重。近十年来，我们投入了大量的人力物力，承担了"十三五"国家重点研发计划——"绿色施工与智慧建造关键技术"项目以及多个省部级数字化相关科研项目的研发工作，同时，企业累计支撑的 BIM 及数字化方面的科研课题已超过 40 项，累计投入超过 5000 万元，采用 BIM 正向设计或数字化的项目达到 300 余项，主编、参编 BIM 行业和地方标准 10 余部，建立了企业级数字设计云平台和数字资源库，为企业的数字化转型奠定了坚实的基础。

数字转型，共赢未来。为促进行业交流、抢抓机遇、发展共赢，中建西南院组织编写了"建筑工程数字设计系列丛书"。《基于 Revit 的结构正向设计实战》是系列丛书的重要组成部分，本书的作者方长建是中建西南院副总工程师，也是建设"数字设计院"的主要推动者，他在结构设计方面具有扎实的专业功底、丰富的实践经验，善于用数字化思维分析和解决问题，率先在行业内编制了完整的结构正向设计流程，获得了相关发明专利授权。他组织撰写的这本经典之作，系统总结了结构正向设计方面的实践案例、运用场景、经验做法，必将为推动行业高质量发展起到重要的参考作用。

中建西南院党委书记、董事长　龙卫国

2022 年 9 月

序 二

当今世界，新一轮科技革命和产业变革蓬勃发展，全球经济正加速步入数字时代。BIM、4G/5G、IoT、AI 等新一代信息技术和机器人等相关设备的快速发展和广泛应用，形成了数字世界与物理世界的交错融合和数据驱动发展的新局面，正在引起生产方式、生活方式、思维方式以及治理方式的深刻革命。

建筑企业顺应数字时代发展潮流，把握数字中国建设机遇，加快推动数字化转型升级，不仅仅是改变高消耗、高排放、粗放型传统产业现状的重要途径，也是建筑企业增强竞争力、打造新优势，提升"中国建造"水平、实现高质量发展的核心要求。数字化转型是利用数字化技术来推动企业提升技术能力、改变生产方式，转变业务模式、组织架构、企业文化等的变革措施，其中，实现数字化是基础，特别是 BIM 技术的出现，为企业集约经营、项目精益管理等的落地提供了更有效的手段。

BIM 技术在促进建筑各专业人员整合、提升建筑产品品质方面发挥的作用与日俱增，它将人员、系统和实践全部集成到一个由数据驱动的流程中，使所有参与者充分发挥自己的智慧，可在设计、加工和施工等所有阶段优化项目、减少浪费并最大限度提高效率。BIM 不仅是一种信息技术，已经开始影响到建设项目的整个工作流程，并对企业的管理和生产起到变革作用。我们相信，随着越来越多的行业从业者掌握和实践 BIM 技术，BIM 必将发挥更大的价值，带来更多的效益，为整个建筑行业的跨越式发展提供有力的技术支撑。

近年来，中建集团持续立项对 BIM 集成应用和产业化进行深入研究，结合中建投资、设计、施工和运维"四位一体"的企业特点，对工程项目 BIM 应用的关键技术、组织模式、业务流程、标准规范和应用方法等进行了系统研究，建立了适合企业特点的 BIM 软件集成方案和基于 BIM 的设计与施工项目组织新模式及应用流程，经过近十年的持续研究和工程实践，形成了完善的企业 BIM 应用顶层设计架构、技术体系和实施方案，为企业变革和可持续发展注入了新的活力。

中建西南院作为中建的骨干设计企业，在"十三五"国家科技支撑计划项目研究中取得了可喜成果，开发了设计企业智慧建造集成应用系统，建立了企业级标准体系，培养了大量 BIM 管理和技术人才，开展了示范工程建设，大幅提高了 BIM 设计项目的比重，在企业数字化转型升级进程中迈出了坚实一步。

本书为"十三五"国家科技支撑计划项目系列著作之一。作者结合多年实践和大量项目实例分析，对设计企业结构设计工作者如何利用 Revit 进行 BIM 设计进行了详细论述，对有意推广 BIM 技术的设计企业和设计人员具有很好的参考价值。

中国建筑集团首席专家 李云贵

2022 年 8 月

序　三

　　Autodesk Revit 是欧特克公司针对工程建设行业推出的三维参数化 BIM 软件。2012年由欧特克公司从事构件开发和软件开发的工程师团队编写出版了《Autodesk Revit Structure 2012 应用宝典》，在国内 BIM 发展的初期阶段，很大程度上帮助了行业中从事设计、施工、管理的专业人士以及高校师生，掌握 BIM 结构设计的基本技能和协作原理。但之后很长一段时间里，受限于我国结构设计施工图和计算书的审查要求和相关法律法规，以及结构专业在工程多专业协同作业流程中较为被动的角色定位，结构工程师需要花费双倍甚至更多的精力来完成一个项目的 BIM 正向设计。

　　因工作之便，我曾与很多来自央企、地方国企、民营企业的结构设计人员有过深入沟通。总结来说，他们普遍认为使用 BIM 技术进行结构设计有以下三点优势：1）协作前置带来的效率提升。结构专业可以在项目前期与建筑和机电专业进行深入沟通，提前预判各关键控制点的复杂情况，提供多种解决方案，避免后续的返工和改图，减少大量施工阶段的配合工作。2）结构专业的重要性提升。结构专业是一个承上启下的专业，甲方、施工方、建筑和机电专业的想法和改动均会对结构设计的工作带来较大影响。但在 CAD 设计时期，结构专业大多是被动地执行这些改动，直到 BIM 设计改变了传统的提资和协同机制，结构专业的建议更多地在前期被重视和采纳。3）设计质量的提升。BIM 正向设计决定了各专业设计深度的提升，尤其是机电专业的设计成果和施工阶段的技术要求均可在结构专业出图前达到足够的深度，形成正向反馈，使结构设计更加准确，避免了反复提资和修改带来的问题。

　　既然 BIM 正向设计有这样显著的优势，为何在工程行业全面推广时进展却不尽如人意呢？我认为有三方面的原因。第一是 BIM 正向设计从根本上改变了传统 CAD 设计的思路和工作流程，设计工具的技术进步，使原来单兵作战的阶段式二维设计转变为了协同作战的互动式三维设计，这势必需要新型的设计流程和管理流程匹配，才能最大限度发挥 BIM 正向设计的优势。第二是 BIM 的价值体现，只有当 BIM 的数据在工程项目全生命周期各阶段流转起来、应用起来，才能实现 BIM 效益的最大化，而这意味着行业协作、生产流程和交付成果都需迎来相应的变革。第三是 Revit 作为全球通用的 BIM 设计软件，需要进行符合企业设计习惯的基础设置，包括项目设置、视图样板设置、出图样板设置、族库设置等，必要时还需配合一定的软件操作技巧和二次开发工具，以达到期望的效率和效果。

　　《基于 Revit 的结构正向设计实战》一书，正是从这三个方面为结构专业工程人员提供了全新的思路，为结构设计师的数字化转型铺平道路。本书从项目实践出发，介绍了使用 Revit 工具软件定制符合结构专业设计的样板流程，通过技巧分享、问题剖析、流程重塑，详述了从构件级到项目级的 BIM 结构正向设计经验。同时结合中建西南院的设计协同和校审流程，分享了基于 BIM 的专业校审优点和技巧、正向设计管控要点、协同组织方式等宝贵经验。毫无疑问，本书是一本指导结构专业设计师从 CAD 二维设计向 BIM 三维设计转型的好书！十年磨剑，倾囊相授，感谢编者们十年来在国内 BIM 技术推广第一线付出的努力和汗水，也致敬他们为编写此书付出的心血！希望读者能在阅读此书的过程中收获金玉，共同为结构设计的数字化变革贡献一份力量。

欧特克软件公司大中华区技术总监　罗海涛

2022 年 7 月

前　言

传统设计方式在设计效率、设计质量提升上已遭遇瓶颈，要走出困区，需要改革创新。通过多年 BIM 结构设计实践和研究，我们认为 BIM 技术是解决设计以及整个建筑行业发展迟缓的高效手段之一。

然而，我们也应该认识到，BIM 技术的落地仍有许多问题需要解决。首先是对传统设计工作方式提出了挑战，BIM 设计需要整个团队协同工作，对团队的整体素质提出了更高的要求。其次，BIM 技术仍处于起步阶段，各方面条件均不成熟，需要设计团队、设计企业、设计行业共同努力，逐步完善 BIM 技术的基础建设，有效发挥 BIM 技术的潜力，提高团队、企业以及整个行业的质量和效率，改变建筑行业自 CAD 技术以来缺乏创新的局面。

BIM 技术需要适当的工具或工具组合，各企业应根据业务需求进行选择。本书介绍了以 Revit 为主线的结构专业 BIM 正向设计方法，可供以 Revit 软件为工具的设计企业和设计人员参考。

本书以设计视角介绍了设计、校审等不同角色采用 Revit 进行工作的一些方法和技巧，涵盖了初步设计、施工图设计等不同阶段。

本书共 9 章，主要内容如下：

第 1 章介绍了结构专业 BIM 正向设计的基本概念及软硬件要求；

第 2 章介绍了 Revit 的基本概念和需要事先准备的部分工作；

第 3 章介绍了采用 Revit 进行协同设计的技巧和要点；

第 4 章介绍了采用 Revit 创建各类结构构件的技巧；

第 5 章介绍了结构专业基于 BIM 技术进行初步设计的技巧；

第 6 章介绍了结构专业基于 BIM 技术进行施工图设计的技巧，包含了常见的结构施工图类型，如基础平面及详图，结构平面及配筋图，柱、剪力墙、梁、楼梯、坡道等构件图；

第 7 章介绍了利用 BIM 模型进行结构专业校审的优点和技巧；

第 8 章介绍了使用 Revit 进行结构专业 BIM 正向设计时的部分问题及处理技巧；

第 9 章介绍了在进行结构专业 BIM 正向设计时常见的部分辅助工具插件，以及中国建筑西南设计研究院有限公司自主研发的 EASYBIM-S 结构辅助设计系统，为读者采购提质增效工具提供参考；

附录 A、B、C 介绍了两个结构族（楼梯和集水坑）的创建示例，及族创建中公式、条件语句的使用；

附录 D 提供了结构 BIM 正向设计部分图纸示例，可以直观体验采用 Revit 进行结构基础平面、楼层平面及配筋、梁、柱、楼梯、车道等设计的最终成果。

本书编委会成员均为中国建筑西南设计研究院有限公司从事结构专业 BIM 设计的一

线工程师，具备丰富的结构专业设计经验和 Revit 软件设计建模、构件开发、二次开发及自主研发的经验。

提供的案例均为多年来建筑工程项目结构专业 BIM 正向设计的实际案例，力求解决工程实践工程中的实际问题。希望本书能对结构设计从业人员迈入 BIM 大门提供帮助，也能唤起 BIM 设计人员的信心，让我们共同努力，夯实 BIM 基础，通过不断的研究和实践，逐步完善 BIM 这条高效信息通道的生态链建设。

然而，BIM 技术日新月异，加之时间有限，难免有疏漏之处，欢迎读者致邮 BIM@xnjz. com 与作者讨论交流，共同为我国建筑行业数字化转型尽绵薄之力。

目 录

1.1 结构正向设计

目前在国内的建筑设计领域，许多 BIM 设计应用的场景是先按照传统的 CAD 技术和表达方法完成二维施工图，然后再根据施工图建立三维模型，通过三维模型对原设计开展检查和三维展示等应用，这一过程即业内俗称的"翻模"和"BIM 咨询"。

"翻模→运用"这种看似流行的 BIM 设计应用方式其实有违 BIM 的初衷，它只是 BIM 设计在初级阶段的一种变通应用。BIM 设计的核心是直接在三维环境里进行设计，各专业在同一个三维模型中进行协同配合，充分利用三维模型和其中的信息，自动生成所需要的图纸，全面提取信息进行加工应用，同时模型数据信息一致完整，并可向施工阶段和运维阶段进行传递，从整体上提高建筑业的信息化水平，向智慧设计和智慧建造发展。

为了避免与"翻模→运用"这样的概念混淆，业内将基于 BIM 的协同设计概括为"正向设计"。这一概念是 BIM 技术引入我国后，对其本土化改造和落地应用过程中出现的具有鲜明中国特色的定义，表述通俗易懂，在目前阶段我国的 BIM 设计应用中有重要的符号意义。结构专业的 BIM 正向设计通过三维模型与其他专业配合，可以用三维模型直接出图，保证了图纸和模型的一致性，这一流程支撑可持续设计、强化设计协同、减少因"错、漏、碰、缺"导致的设计变更，促进设计效率和设计质量的提升[1]。

结构正向设计可以通过接口将计算模型直接转为 BIM 模型，充分提取模型中的内力、配筋等信息，快速准确地形成配筋施工图，并完成自动校审，大幅提高设计效率。

结构正向设计的应用与发展主要在以下几个方面：

（1）利用参数化方法，通过建筑形体及平面自动生成结构模型，并自动调用计算程序进行计算，根据计算指标按一定规则进行结构模型调整，最终得到综合最优的结构模型。

（2）结构专业与建筑专业、设备专业根据各自需求进行数据信息的双向关联传递，传递过程中保证信息的一致性和完整性。例如，可根据建筑专业的房间使用功能及隔墙分布，自动生成结构计算模型所需要的荷载，并联动修改；可将建筑专业的楼电梯洞口信息、设备专业开洞信息等直接传递给结构专业。

（3）根据三维 BIM 模型投影生成结构平面布置图，并方便快捷地进行降板、开洞、标注等。可以快速进行立面线条大样的三维布置并在相应位置剖切后自动生成节点大样（含大样配筋）。

（4）根据 BIM 模型（含内力、配筋信息）自动生成结构配筋图，并可灵活调整，同时可以一键进行合规性检查。

（5）三维 BIM 模型与计算模型可实时联动调整，打通二者之间的双向数据接口。

（6）与工业装配化相结合，利用 BIM 模型信息对装配构件进行建模，构件模型信息可转化为工程加工数据信息，对装配构件进行生产；利用 BIM 模型对装配构件的节点进行钢筋碰撞检查，结合施工工艺优化节点构造，充分利用 BIM 模型的可视化与可模拟化特点，进行预判和辅助决策。

（7）基于规范库、编码库和模型库等，利用自然语言处理技术，构建知识图谱，建立规则，辅助决策和审查，向智能设计和智能审查发展。

（8）BIM 模型数据信息有效地向施工阶段、运维阶段传递，实现一模多用、一模到底，实现从方案设计—初步设计—施工图设计—施工 4D 管理—造价 5D 管理—施工模拟分析—运营维护的全生命周期和全产业链的高度融合，最大限度发挥 BIM 技术的实际应用价值。

1.2 硬件环境

市面上的 BIM 软件众多，不同的 BIM 软件对计算机硬件的要求不同。一般情况下，软件公司会在官方网站或帮助文件中对硬件规格做出说明。以民用建筑中常用的 BIM 软件 Revit（2019 版）为例，在其帮助文件中，提出了三档硬件配置：最低要求（入门级配置）、性价比优先（平衡价格和性能）、性能优先（大型、复杂的模型）。总体来说，Revit 属于计算密集型应用程序，是大型软件，硬件要求是"越高越好"。

以下对 CPU、主板、内存、显卡、硬盘、电源、显示器分别进行详细说明。

CPU：Revit 软件中参数化驱动、渲染、绘制等功能本质是数据的运算，使用 CPU 执行运算，CPU 代数越新越好，主频越高越好，核心越多越好，当下可选购 intel 的 i5、i7、i9 系列。

主板：选择与 CPU 配套的中高端品牌主板即可，推荐品牌：华硕、技嘉、微星。

内存：由于结构模型构件较多，建议 16GB 起步，Revit 近几年对内存的容量要求有越来越大的趋势。

显卡：Revit 软件对显卡要求一般，现在中高端主板自带的集成显卡在 Revit 中可以满足使用需求。但 BIM 工程师使用的软件较多，在经济允许的情况下，建议选购千元级别的独立显卡。如果涉及 Fuzor、Lumion、Twinmotion 等实时渲染软件的使用，建议购买更高级别的显卡，如 Nvidia 的 RTX 2060、2070、2080 系列，价格在 1500～8000 元之间。

硬盘：SSD 固态硬盘可显著提高系统启动、程序打开、数据存储读取的速度，建议 256GB 起步，推荐 512GB，同时购买机械硬盘作为储存盘，容量大于 2TB。

电源：建议购买额定功率 400～600W 的品牌电源。

显示器：建议双屏，经济条件允许的情况下使用三屏，会显著提高工作效率。

为帮助读者选购，我们列出时下三种配置单（表 1.2-1～表 1.2-3），价格来自于网络电商，总价由低到高（含税价）。需要注意的是：电脑更新换代很快，表中的硬件随时间会停产下架，但同档次的硬件价位相似，比如表中的 CPU i5-9400F 在 1200 元价位，下一代的 i5-10400F、i5-11400F 也在该价位左右，选择同档次即可，电子产品购买的原则是买新不买旧。

BIM 实用级配置表 表 1.2-1

类别	配置	参考价格（元）
CPU	i5-9400F 6 核 6 线程	1199
主板	华硕（ASUS）PRIME B360M-	599
内存	8GB×1（金士顿 DDR4 2133MHz）	380
显卡	技嘉（GIGABYTE）GT 1030 OC 2G 64bit GDDR5 显卡	589
硬盘	西部数据（Western Digital）蓝盘 2TB	369
电源	安钛克（Antec）额定 450W VP	250
机箱	黑色中塔式机箱	150
鼠标键盘	双飞燕（A4TECH）WKM-1000	70
显示器	戴尔（DELL）U2417H 23.8 英寸	1299
总价		4905

BIM 性能级硬件配置表 表 1.2-2

类别	配置	参考价格（元）
CPU	酷睿 i7-9700 8 核 8 线程	2400
主板	华硕（ASUS）PRIME B360-PLUS 主板	779
内存	8 GB×2（金士顿 DDR4 2133MHz）	750
显卡	七彩虹（Colorful）iGame 1060	1500
硬盘	三星（SAMSUNG）500GB SSD 固态硬盘 860 EVO	499
	西部数据（Western Digital）蓝盘 2TB	369
电源	安钛克（Antec）额定 450W VP	250
机箱	酷冷至尊（Cooler Master）开拓者 U3 普及版	300
鼠标键盘	罗技（Logitech）G100s 套装	140
显示器	戴尔（DELL）Ultra Sharp U2417H×2	2600
总价		9587

BIM 进阶级硬件配置表 表 1.2-3

类别	配置	参考价格
CPU	英特尔（Intel）i9-9900KF 酷睿 8 核 16 线程	3499
主板	技嘉（GIGABYTE）Z390 GAMING X 主板	1298
内存	8GB×4（金士顿 DDR4 2133MHz）	1200
显卡	索泰（ZOTAC）RTX2070 霹雳版	2999
硬盘	三星（SAMSUNG）500GB SSD 固态硬盘 M.2 接口	799
	希捷（Seagate）2TB 256MB 7200RPM 台式机机械硬盘	389
电源	安钛克（Antec）额定 500W VP	300
机箱	酷冷至尊（Cooler Master）开拓者 U3 普及版	300
鼠标键盘	罗技（Logitech）G100s 套装	140
显示器	戴尔（DELL）Ultra Sharp U2417H×2	2600
总价		13524

1.3 Revit 软件的发展历程

1997 年，Pro-E 软件的开发人员 Leonid Raiz 和 Irwin Jungreis 从美国参数技术公司（Parametric Technology Corporation，PTC）离职，创建了 Charles River Software。当时他们的想法是把 Pro-E 的思路带到建筑行业，于是有了 2000 年 Revit 的问世。

2000 年发布的 Revit，采用了当时非常新颖的族编辑器（Family Editor，Family 也可以理解为对象）的视觉参数化建模方式，这种架构让建模对象的参数/属性以一个非常直观的列表方式显示，非常像建模对象附带的信息清单，同时很方便参数/信息的输入和积累。

早期的 Revit 建模界面（图 1.3-1），参数以一种显性的方式展示，可以直接添加和编辑。Revit 这种建模特质，为后面"BIM"的出现埋下了伏笔。

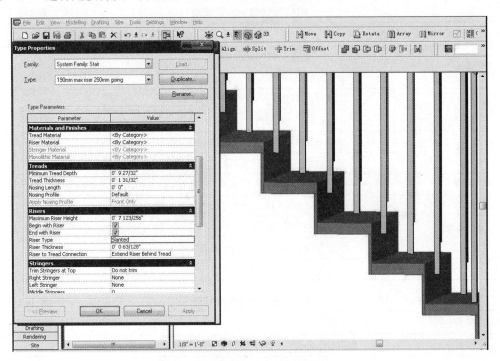

图 1.3-1　早期 Revit 建模界面图

图片来源：RevitCity.com

2002 年 2 月 21 日，Autodesk 用 1.33 亿美元现金收购了 Revit。公司在 2002 年的企业白皮书中提出了 Building Information Modeling，也就是现在所说的 BIM，并在书中赋予了 BIM "协同设计"与"构件驱动 CAD（object-oriented CAD）"的特征。Autodesk 最初给 BIM 的定义中，"精确"地对应了刚刚收购的 Revit 与 Buzzsaw 的功能[4]。

时至今年，Revit 走过 20 多个年头，相对传统 CAD 来说，它有几个显著的优势：

（1）强大的联动功能：平面图、立面图、剖面图、明细表动态关联，一处修改，处处更新，自动避免传统 CAD 绘图环境下易犯的"错漏碰缺"低级错误。

（2）在 Autodesk 公司强大的运营能力下，Revit 构建了良好的软件生态圈。Revit 除了自身携带的建筑、结构、机电专业建模，以及多专业协同、远程协同等功能，众多第三方厂家（橄榄山、红瓦、广联达等）在 Revit 上进行了二次开发或者提供了相应数据对接功能，极大地提高了 Revit 的使用效率和运用广度。

（3）Revit 可以自定义构件的各种额外属性，并导出三维信息、体积信息、属性信息，为项目概预算、过程控制、结算提供资料，资料的准确程度同建模的精确程度成正比。

虽然优势较多，但是 Revit 本身仍然有着很大的优化空间，比如对底层构架的优化，才能真正解决目前一遇到大项目就卡顿的问题。

软件本身是个工具，工欲善其事，必先利其器，在当下"中美贸易摩擦"的背景下，我们看到自主工业软件的重要性，Autodesk、Bentley、Dassault 三大软件厂商推出的BIM 软件有值得我们学习的地方，我们期望国产软件商能够早日推出拥有自主知识产权的BIM 基础平台软件。

1.4　主要功能及快捷键

在 Revit 2016 中，可点击菜单栏中"视图"➤"窗口"➤"用户界面"➤"快捷键"，设置快捷键（图 1.4-1）。具体方法是：双击选中某个命令，在"按新键"文字框中输入自定义快捷键，单击"指定"添加或覆盖对象命令的快捷键。

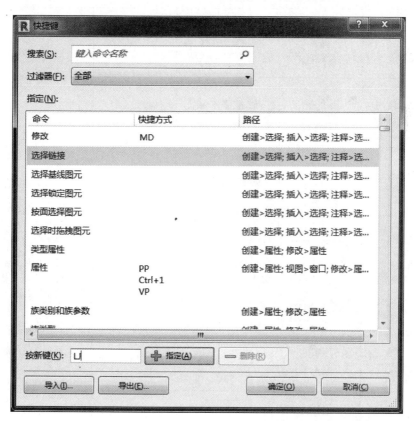

图 1.4-1　Revit 快捷键设置界面

结构正向设计中常用的功能、默认或推荐的快捷键如表 1.4-1 所示。

Revit 主要功能及快捷键 表 1.4-1

功能名称 （按钮位置）	图标	功能描述	快捷键	备注
结构框架梁 （"结构"选项卡）	 梁	创建梁构件	BM	
结构墙 （"结构"选项卡）	 墙	创建墙构件	WA	
结构柱 （"结构"选项卡）	 柱	创建柱构件	CL	
结构楼板 （"结构"选项卡）	 楼板	创建楼板构件	SB	
结构基础：独立 （"结构"选项卡）	 独立	创建独立基础	—	
结构基础：墙 （"结构"选项卡）	 墙	创建墙下条形基础	FT	
结构基础：板 （"结构"选项卡）	 板	创建筏板基础	—	
内建模型 （"结构"选项卡）	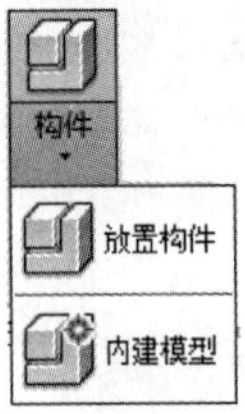 构件 放置构件 内建模型	创建项目特有的构件	CM	本功能的使用与创建常规族的方式方法基本相同，若该构件可能会出现在多个项目中，建议使用族进行创建和使用
标高 （"结构"选项卡）	 标高	创建一个标高	LL	只能在立面或剖面视图中使用本功能
轴网 （"结构"选项卡）	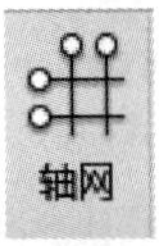 轴网	创建轴网	GR	

续表

功能名称 （按钮位置）	图标	功能描述	快捷键	备注
链接 Revit （"插入"选项卡）	链接 Revit	链接其他 Revit 文件至当前模型	—	
链接 CAD （"插入"选项卡）	链接 CAD	链接 CAD 文件至 当前模型	—	
导入 CAD （"插入"选项卡）	导入 CAD	将其他 CAD 文件 的数据或几何图形 导入至当前模型	—	区别于"链接 CAD"，本功 能导入的图形不会随原 CAD 文件更新，且可以完全拆解成 直线和文字单元
管理链接 （"插入"选项卡）	管理 链接	管理链接文件	—	可以对链接文件进行"添 加""删除""卸载""重载" 等操作
载入族 （"插入"选项卡）	载入 族	将 Revit 族载入至 当前模型	—	
对齐尺寸标注 （"注释"选项卡）	对齐	放置平行参照或 多点间的尺寸标注	DI	
线性尺寸标注 （"注释"选项卡）	线性	放置水平或垂直 的尺寸标注	—	
角度尺寸标注 （"注释"选项卡）	角度	放置测量角度的 尺寸标注	—	
半径尺寸标注 （"注释"选项卡）	半径	放置测量内部曲 线或圆角半径的尺 寸标注	—	

续表

功能名称 （按钮位置）	图标	功能描述	快捷键	备注
直径尺寸标注 （"注释"选项卡）	直径	放置测量圆弧或圆直径的尺寸标注	—	
弧长尺寸标注 （"注释"选项卡）	弧长	放置测量弧长的尺寸标注	—	
高程点 （"注释"选项卡）	高程点	放置一个标记表达选定点的标高	EL	
高程点坡度 （"注释"选项卡）	高程点坡度	放置一个标记表达选定面的坡度	—	
详图线 （"注释"选项卡）	详图线	创建当前视图专有的线	DL	
区域 （"注释"选项卡）	区域	创建当前视图专有的填充图案	—	
云线批注 （"注释"选项卡）	云线批注	创建当前视图专有的云线标记	YP	该项无默认快捷键且为常用功能，推荐自定义快捷键为 YP
文字 （"注释"选项卡）	A 文字	创建当前视图专有的文字	TX	
查找/替换 （"注释"选项卡）	查找/替换	查找/替换文字	FR	

续表

功能名称 （按钮位置）	图标	功能描述	快捷键	备注
按类别标记 （"注释"选项卡）	 按类别标记	将标记族附着到图元中	TG	可以通过编辑标记族，指定标记族表达的图元参数
全部标记 （"注释"选项卡）	 全部标记	批量"按类别标记"	—	
协作 （"协作"选项卡）	 协作	为当前项目创建协同系统，以便团队成员可以同时处理此模型	—	
复制/监视 （"协作"选项卡）	 复制/监视	复制链接 Revit 文件中的图元至当前模型，并监视链接文件中该图元的变更	—	结构设计中多使用此功能复制、监视建筑模型的轴网
视图样板 （"视图"选项卡）	 视图样板	创建、管理、编辑、应用视图样板	—	当前视图的属性栏中也可以点选此功能
可见性/图形 （"视图"选项卡）	 可见性/图形	用于控制图元在视图中的可见性和显示样式	VV	可以通过此功能添加过滤器，深度定制图元表达
细线 （"视图"选项卡）	 细线	控制是否区别显示线宽	TL	
三维视图 （"视图"选项卡）	 三维视图	打开默认的三维视图	—	
剖面 （"视图"选项卡）	 剖面	创建剖面视图	PM	该项无默认快捷键且为常用功能，推荐自定义快捷键为 PM

功能名称 （按钮位置）	图标	功能描述	快捷键	备注
平面视图 （"视图"选项卡）	平面视图	创建平面视图	—	创建的平面视图必须和已经存在的标高相关联
立面 （"视图"选项卡）	立面	创建立面视图	—	
绘图视图 （"视图"选项卡）	绘图视图	创建绘图视图	—	绘图视图常用于表达与三维模型不直接相关的项目内容，如层高表和图纸附注、说明等
明细表 （"视图"选项卡）	明细表	读取模型信息，根据指定模板创建明细表视图	—	
关闭非活动视图 （"视图"选项卡）	关闭非活动	关闭除当前视图外的其他视图	—	
选项卡视图 （"视图"选项卡）	选项卡视图	将所有已经打开的视图作为选项卡排列在某一个视图窗口之上	TW	主屏幕只显示一个视图
平铺视图 （"视图"选项卡）	平铺视图	以小窗口的形式平铺打开所有已经打开的视图	WT	主屏幕显示多个视图
用户界面 （"视图"选项卡）	用户界面	编辑用户界面和快捷键	—	
清除未使用项 （"管理"选项卡）	清除未使用项	从项目中删除未使用的族和类型	—	

功能名称 （按钮位置）	图标	功能描述	快捷键	备注
其他设置 （"管理"选项卡）		用于定义项目的全局设置，包括填充样式、线样式、剖面符号、材质资源等	—	
剪贴板 （"修改"选项卡）		对图元进行复制、剪切、粘贴的操作	—	
连接 （"修改"选项卡）		用于调整相交构件的连接关系，连接关系会影响构件算量以及在平面图中的线型表达	LJ JL HL	该项无默认快捷键且为常用功能，连接/取消连接/切换连接推荐分别自定义快捷键为 LJ/JL/HL
对齐 （"修改"选项卡）		对齐图元至另一图元上的线或面	AL	
移动 （"修改"选项卡）		移动图元	MV	
偏移 （"修改"选项卡）		偏移图元	OF	
复制 （"修改"选项卡）		复制图元	CO	
镜像-旋转轴 （"修改"选项卡）		拾取已经存在的线作为对称轴镜像图元	MM	
镜像-绘制轴 （"修改"选项卡）		绘制对称轴镜像图元	DM	
旋转 （"修改"选项卡）		旋转图元	RO	
修剪/延伸为角 （"修改"选项卡）		修剪/延伸两个图元，使他们相交并生成一个角	TR	常用于梁、墙构件

续表

功能名称 （按钮位置）	图标	功能描述	快捷键	备注
阵列 （"修改"选项卡）		阵列图元	AR	
拆分图元 （"修改"选项卡）		将可以适应此操作的图元（如梁、墙、管道）于指定点一分为二	SL	
修剪/延伸图元 （单个/多个） （"修改"选项卡）		延伸一个图元至选定的另一个图元的边界	—	
解锁/锁定 （"修改"选项卡）		解锁/锁定图元	UP/PN	锁定的图元无法移动或修改
在视图中隐藏 （"修改"选项卡）		在当前视图中隐藏选中的图元	EH	
选择框 （"修改"选项卡）		隔离当前视图中选定的图元，并展示与之相应的三维视图	BX	
线处理 （"修改"选项卡）		替换视图中指定线的线样式	LW	常用于无法处理的线样式异常，应尽量避免使用
创建类似 （"修改"选项卡）		放置与选定图元类型相同的图元	CS	
创建组 （"修改"选项卡）		创建包括了所有选中图元的组，以便重复使用	GP	

正向设计的核心是建立以设计为源头的数据流，本质是设计数据的获取、交互与应用，通过将已有的技术优势和丰富经验融入具体设计中，将重复性劳动以自动化的手段替代，从而实现效率的大幅提升和质量的显著提高，这其中的核心载体就是数字资源。

数字资源以 BIM 技术为核心，以数据应用为技术表达，其体系的基本运行规则就是标准化。数字资源利用 BIM 所具备的信息化、参数化、集成化的技术特性，可有效将已有的设计经验与项目管理内容整合，将基础数据在项目内、各项目间，乃至各管理部门间进行协同和共享。本书中基于 BIM 的正向设计以 Revit 为基础平台，其数字资源的核心包括 Revit 软件的标准化体系、参数体系、族库、样板库等，这些资源决定了数据的承载形式以及涉及图面表达的相关规则，实现了数据的高度共享与复用，有效提高了正向设计的效率和质量。

2.1　Revit 基本概念

2.1.1　用户界面的组成

Revit 软件界面由功能区、绘制工作区、视图控制栏和浮动面板组成，常见的浮动面板有项目浏览器和属性选项板，如图 2.1-1 所示。

图 2.1-1　Revit 图形默认界面示意

各部分主要功能如下：

功能区：Revit 软件无命令行，所有功能都通过功能区提供；

绘制工作区：用于展示和编辑 BIM 模型和族文件；

视图控制栏：用于控制绘制工作区，包括视图比例、模型精细程度及工作集等；

项目浏览器：通过树状目录，显示 BIM 模型中的视图、图纸、族等各类组成；

属性选项板：用于显示当前选中对象的详细属性。

2.1.2 族的基本概念

在 Revit 软件中，BIM 模型由一个个单独的实例（Object）构成，例如第 96 号梁和第 84 号柱，为了参数化管理单独的实例，又在实例之上构筑了类型（Type）和族（Family）的概念，其中族是 Revit 中最为核心的概念。

以钢筋混凝土梁举例（如图 2.1-2 所示），所有矩形梁构成"钢筋混凝土矩形梁族"，如果明确梁的宽度为 300mm、高度为 600mm 之后，就形成了在"钢筋混凝土矩形梁"族之下的一个"300×600 类型"，如果将"300×600 类型"插入模型，布置为一根长度为 7900mm 的梁，就形成了在"300×600 类型"之下的一个单独的 300×600 梁的"实例"。在这其中，如果用"7900mm 长的 300×600 的钢筋混凝土矩形梁"来描述具体的对象，那么"7900mm 长"这个长度参数仅用来区别不同的实例，因此可以称为实例参数；"300×600"这个宽度和长度参数用来区别于其他诸如 200×400 等不同的类型，因此可以称为类型参数；"钢筋混凝土矩形梁"用来区别于其他 T 形梁等不同的族，因此可以称为族参数。关于参数的更详细概念可以参见第 2.2 节。

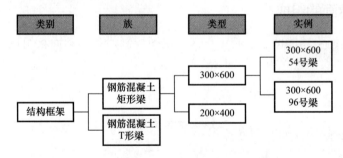

图 2.1-2 Revit 软件中族的相关组织关系

可以看到，族（Family）、类型（Type）和实例（Object）从上到下构成了有组织、有层次的 BIM 模型系统，其中族（Family）是最核心的节点。作为对建筑对象进行理性解构的最基本单元，也是各类参数信息的枢纽载体，是一个包含通用属性集合及其相关图形表示的图元组。按其来源，可分为系统族、可载入族、内建族。

系统族：族的一种，是在 Revit 中预定义的族，并只能在 Revit 项目文件（.rvt）和样板文件（.rte）中进行创建和修改。用户不能创建、复制、修改或删除系统族，但可以复制和修改系统族中的具体类型，以便创建自定义的系统族类型。虽然不能将系统族载入到样板和项目中，但可以在项目和样板之间复制和粘贴或者传递系统族的特定类型。系统族包含用于创建基本建筑图元（例如，建筑模型中的墙、楼板、天花板和楼梯）的族类型，以及项目中会影响项目环境的系统设置和标高、轴网、图纸和视口等图元的类型。

可载入族：族的一种，可独立于项目或样板存在，可另存为独立的族文件，项目或样板也可以通过载入来添加新的可载入族。由于可载入族对应的图元具有高度可自定义的特征，因此是用户在 Revit 中最经常创建和修改的族。

内建族：族的一种，只能在当前项目中创建内建族，可以是特定项目中的模型构件。内建族是在项目中创建的自定义图元，当项目中存在不需要重复使用的特殊几何图形，可以采用内建族。内建族的几何定义能力强大，可以适应各种异形的不规则构件，但是参数化能力较差。大量使用内建族会显著增加文件大小，并使软件性能降低。

2.1.3　视图

视图是 Revit 软件用于展示各种模型信息的基本界面，是将模型组装为图纸的核心对象，包含平面视图、剖面视图、三维视图、立面视图和绘图视图等，如图 2.1-3 所示。如果把 Revit 模型理解为一个三维信息化模型的数据库，那么视图就是用不同的视角和方法去描述这个信息化模型。视图中的平面视图、剖面视图、三维视图、立面视图与模型关联，视图形成方式采用画法几何。绘图视图是类似于 CAD 的方式，直接用直线、文字等与模型无关的数据来表达图纸内容。

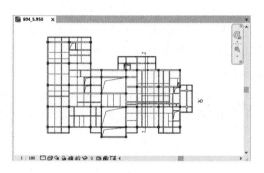
(a)平面视图

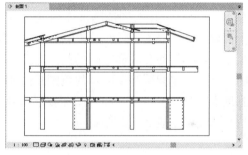
(b)剖面视图

(c)三维视图

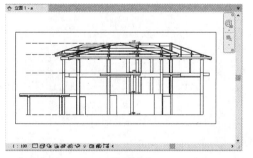
(d)立面视图

图 2.1-3　Revit 视图的种类示例

视图可以通过 Revit 菜单中"视图"➤"创建"中对应的视图按钮新建，如图 2.1-4 所示。其中，在设计过程中，最常用的是平面视图，平面视图的形成原理与二维 CAD 设计中绘制结构平面布置图的方法类似，即在一个指定的标高进行剖切形成剖切线，然后向下投影形成看线，由此构成了指定标高对应楼层的平面布置图。在 CAD 设计中，这个过程通常由人工绘制而成；而在 Revit 软件中，这个过程由软件自动完成。因此，BIM 软件从数据上保证了二维的图纸与模型的一致性，在不同视图中的修改本质上都是在修改同一个三维模型。

图 2.1-4　Revit 视图的创建面板

2.1.4　视图范围

视图范围是 Revit 软件用三维模型生成平面视图的必要参数，这些参数通过【视图范围】对话框向用户开放（详细操作见 2.4.5 节），用户可以根据项目需要设置剖切面所在的标高以及需要投影的面所在的标高等[6]。

为了控制房屋建筑中门、窗、墙等各类构件以粗线、细线、虚线等不同的显示样式准确显示，在 Revit 中视图范围被详细定义为主要范围上、剖切面、主要范围下和视图深度四个部分。如图 2.1-5 所示，其中顶部和剖切面之间为主要范围上，剖切面由剖切面高度单独定义，剖切面和底部之间的范围为主要范围下，底部和偏移（从底部）之间的范围为视图深度。如果视图深度设置的范围超过 4ft（约 1.22m），则视图深度可进一步被分为视图深度上（1.22m 以内）和视图深度下（超过 1.22m 部分），视图范围不同部分对不同图元的显示效果如表 2.1-1 所示。

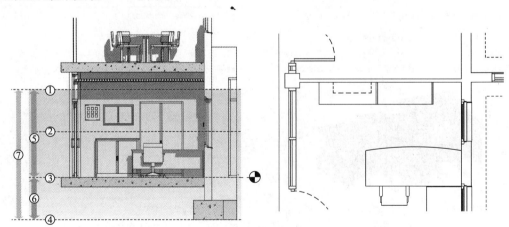

图 2.1-5　Revit 视图范围示意[7]

Revit 不同视图范围显示样式　　　　　　　　　　　　　　　　　　　　表 2.1-1

图元几何定位	图元类别			
	一般图元	不可剖切族	楼板、楼梯、坡道	窗、橱柜、通用模型
视图范围之上	不显示	不显示	不显示	不显示

续表

图元几何定位			图元类别			
			一般图元	不可剖切族	楼板、楼梯、坡道	窗、橱柜、通用模型
视图范围	主要范围	主要范围上	不显示	不显示	不显示	投影
		剖切面	剖面	投影	剖面	剖面
		主要范围下	投影	投影	投影	投影
	视图深度	视图深度上	超出	超出	投影	超出
		视图深度下	超出	超出	超出	超出
视图范围之下			不显示	不显示	不显示	不显示

2.1.5　过滤器

Revit 软件自带的过滤器分为两种：一种是视图过滤器；一种是选择过滤器。其中，视图过滤器如图 2.1-6 所示，主要作用是通过对构件参数的过滤，按用户需求建立特殊构件的集合，并对集合内的构件显示样式进行单独控制。例如"对视图中所有标高为 -0.250m 的楼板平面显示为斜线填充"。

图 2.1-6　视图过滤器示例

选择过滤器用于对象选择，可以对用户框选选中的图元按类别进行分类筛选，如图 2.1-7 所示。例如，将选择过滤器列出的类别分类中"墙"前面的√去掉，那么类别为墙的图元将从选择集中被清除。

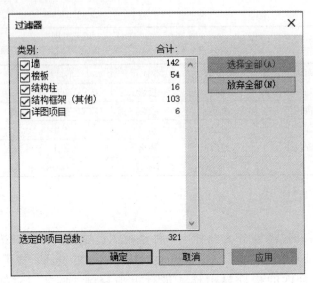

图 2.1-7　选择过滤器示例

2.1.6　视图样板

视图样板可类比于 CAD 中的图层状态管理，即对各种类型构件的显示方式、颜色、可见性等进行统一设置并保存为可应用、可传递的样板，如图 2.1-8 所示。

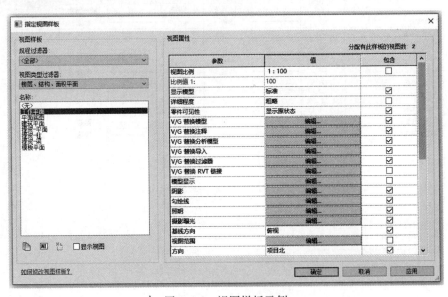

图 2.1-8　视图样板示例

2.2　Revit 参数设置

Revit 系列软件中，通过族来表达构件的三维几何信息、二维形状、标签标记等，而对于项目和构件的文字性、数字性等其他信息，则通过参数来承载。正是有了参数来传递信息，族才具有了强大的生命力。

Revit 2019 中有多种参数，它们被设定了不同的使用范围、信息传递方式、功能作用等，包括全局参数、项目参数、共享参数、族参数、类型参数、实例参数、报告参数，其影响范围和作用如表 2.2-1 所示。经过整理和归纳，Revit 2019 所有的参数可划分为 3 个"参数类别"，同"类别"之间互斥，各"类别"之间没有从属关系。某一参数可以同时是 3 个"类别"的参数，即某参数可以同时是族参数、实例参数和报告参数。

各种类参数定义及示例表　　　　　　　　表 2.2-1

参数类别	参数名称	定义	示例
第一类	项目参数	为该项目的某类别图元的信息容器，可以出现在明细表中，但不能出现在标记中	如"图纸"图元中的"图幅"、"专业负责人"项目参数
	全局参数	特定于单个项目文件中的唯一值	如设定该项目中砼容重①为 25kN/m³
	共享参数	可以由多个项目和族共享，可以导出到 ODBC，并且可以出现在明细表和标记中	如梯段宽度
	族参数	为该族中的参数，不能出现在明细表和标记中	如该梯段倾斜夹角 α
第二类	类型参数	隶属于项目参数或族参数，控制该族类型下所有实例	现有截面为 600mm×600mm 的梯柱 4 根，若将其中 1 根的截面修改为 700mm×700mm，则该族类型下所有 4 根梯柱截面都变为 700mm×700mm
	实例参数	隶属于项目参数或族参数，控制该族类型下某一实例	现有标高为 -0.050m～1.950m 的梯柱 4 根，若将其中 1 根的标高修改为 0.000m～2.000m，则只有被修改的这根梯柱标高变为 0.000m～2.000m
第三类	报告参数	为实例参数的附加属性，用于从几何图形条件中提取并传递值	1）将报告参数用于测量族附着的构件尺寸，如基于板的族可测量板厚、基于墙的族可测量墙厚，利用这些报告值，可减少族的参数数量，如附录 B 的集水坑族。 2）创建基于两个标高的楼梯族时，可通过测量两标高的高差作为报告参数，来确定楼梯踏步数量及踏步高度。如将楼梯上下参照标高的高差设置为报告参数 H，踏步数量为 n，则踏步高度 $h=H/n$，当 $h<150mm$ 或 $h>175mm$ 时，提示用户修改踏步数量 n。建模时报告参数 H 将随该楼梯关联的上下楼层的实际高差相应变化，并自动调整踏步高度 h 以适应该变化

2.3　结构族

Revit 中的 BIM 模型由各种族组成，拥有一套完整的结构族库，是进行 BIM 结构正向设计的基础。常规而言，族通过族库管理，通常以样板文件为载体，以选择样板文件的方式载入，单个零星的可载入族也可通过独立的族文件载入。

---

① 砼容重应为混凝土重度，由于软件中误为"砼容重"，为方便读者参照，书中保留了这一称谓。

2.3.1 建族基本原理

建族首先需要明确需求，再根据几何信息，找到相应的族样板，设置几何参数，建立族的几何外形，最后根据需求的信息建立各类参数，用于记录设计中的数据。详细建族方法可参见附录 A。

2.3.2 族库构成

结构族库通常由建模类和图面表达类（包括平面、板、墙、柱、梁等）族组成，如表 2.3-1 所示，实际设计时，不必全部具备，可以根据设计深度的需要，选择族库的具体内容。

结构族库示例表

表 2.3-1

序号	用途分类	构件族	族样板	族几何外形示意与平面视图	说明
1	建模类	柱族	公制结构柱		不同截面的柱族，用以完成柱建模
		梁族	公制结构框架		不同截面的梁族，用以完成梁建模
		墙族	系统族		采用系统族即可
		板族	系统族		采用系统族即可
2	平面表达类	图名族	公制常规注释	五层~八层结构平面布置图 未注明结构楼层板标高 H=-0.050m	用于图名绘制
		层高表族	公制常规注释	结构层楼面标高 结构层高、混凝土等级变化表	用于层高表的绘制
		符号类族	公制常规注释		包括开洞符号、墙洞符号、折断线等，用于完成平面图的图面表达
		大样族	公制常规注释		不同形状的大样族，用于完成翻边大样的绘制

续表

序号	用途分类	构件族	族样板	族几何外形示意与平面视图	说明
3	板配筋类	板底钢筋族	详图项目	Φ10@200	用于完成板底钢筋绘制
		板顶钢筋族	详图项目	Φ8@150 / 750	用于完成板顶钢筋绘制
4	剪力墙详图类	平面填充族	详图项目		不同形状的平面填充族，用于填充边缘构件区域
		边缘构件族	详图项目		不同形状的边缘构件族，用于边缘构件详图绘制
		钢筋放样族	详图项目		不同形状的钢筋放样族，用于边缘构件的钢筋放样绘制
		边缘构件图框族	详图项目	YBZ1 / 5.950~15.950m / 12Φ25 / 未注明箍筋及拉筋：Φ10@100	用于绘制边缘构件图框
		边缘构件编号族	公制常规注释	YBZxx	用于绘制边缘构件编号
5	柱图类	柱编号族	公制常规注释	KZ1	用于绘制柱编号
		柱详图族	详图项目		不同形状的柱详图族，用于绘制柱大样图
		钢筋放样族	详图项目		不同形状的钢筋放样族，用于柱的钢筋放样绘制
6	梁图类	梁集中标注族	公制常规注释	KL1(1) 400×800 / Φ10@100/200(4) / 4Φ25;12Φ25 6/6 / (-1.450)	用于集中标注的绘制
		梁原位标注族	公制常规注释	3Φ25	用于原位标注的绘制
		吊筋及附加箍筋族	详图项目	2Φ18	用于吊筋及附加箍筋的绘制

2.3.3 载入族

对于现有项目中没有的特定族，也可以通过单独载入的方式，纳入项目中。点击菜单栏中"插入"➤"从库中载入"➤"载入族"按钮，如图 2.3-1 所示。

图 2.3-1　载入族按钮菜单

弹出【载入族】对话框，选择需要加载的族文件，可多选。这里选择"CSWADI-混凝土柱-V 形 .rfa"，如图 2.3-2 所示。然后，点击"打开"，即可完成族载入。

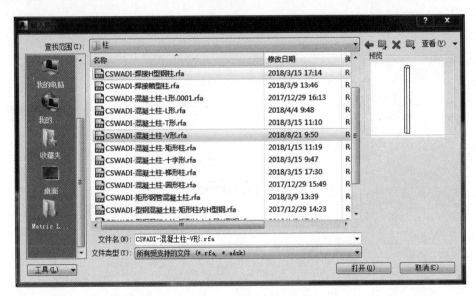

图 2.3-2　【载入族】对话框

图 2.3-3　"项目浏览器"族及族实例列表

2.3.4 族查询

在 Revit "项目浏览器"的"族"列表栏下，可查询该项目已加载的族列表和族实例，如图 2.3-3 所示。

2.3.5 使用族建模

以添加"CSWADI-混凝土柱-V 形"为例。点击菜单栏中"结构"➤"柱"➤"结构柱"按钮，如图 2.3-4 所示。

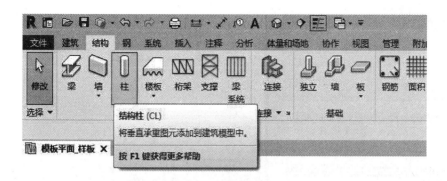

图 2.3-4　插入柱按钮菜单

此时，在【属性】对话框中显示"结构柱"信息如图 2.3-5 所示。单击【属性】对话框中的"族图示"栏，系统给出该族下的实例下拉菜单，可在其中选择所需的族实例，然后将鼠标移动到 Revit 图形区进行建模。

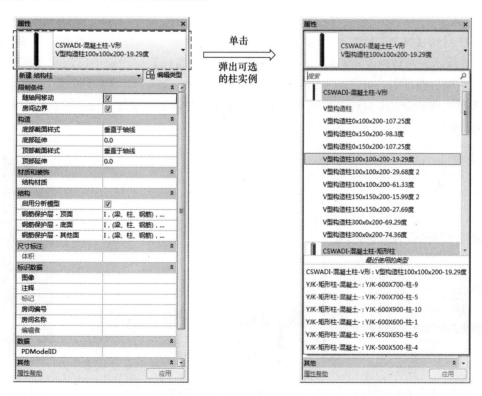

图 2.3-5　插入柱【属性】对话框

2.3.6　添加族类型

当实例列表中没有需要的族类型时，可单击【属性】对话框中的"编辑类型"按钮，如图 2.3-5 所示，弹出【类型属性】对话框，如图 2.3-6 所示。点击"复制"按钮，弹出【名称】对话框，如图 2.3-7 所示，对名称进行修改，并点击"确定"按钮完成族实例名称添加。

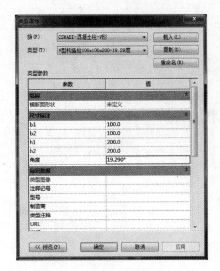

图 2.3-6 【类型属性】对话框   图 2.3-7   【名称】对话框

　　系统回到【类型属性】对话框。此时，可详细修改刚才新增的族实例的相关参数，如图 2.3-8 所示，参数修改完毕后点击"确定"按钮。【属性】对话框中出现刚才定义的族实例。在项目模型中，可在需要的位置添加这个族实例，如图 2.3-9、图 2.3-10 所示。

　　需要注意的是，部分族类型不能在【类型属性】对话框中直接添加，需在项目浏览器中进行添加。

图 2.3-8 【类型属性】   图 2.3-9   【属性】对话框   图 2.3-10 族
对话框中修改参数值   实例

2.4 结构样板

　　BIM 正向设计的本质是以三维实体模型作为信息的载体，规范化地存储数据，从而实现设计成果可视化与信息化的目的。在现阶段，设计成果主要以二维图纸交付为主，为了满足当前设计行业的交付成果要求，BIM 正向设计同样需要完成满足行业要求和习惯的二维图纸。为了实现从三维信息模型得到满足行业要求和习惯的二维图纸，就需要进行一系列的样式设置，包括线宽、线型、明细表等，这些设置可以统一编辑后，由结构样板进行储存和使用。

2.4.1　线宽设置

所有在平面视图中显示的线都有"线宽"的属性，不同构件不同类型的投影线可根据用户的需要设置成为不同的"线宽"从而满足平面表达的需要，在"线宽设置"的功能中可以对项目中可能用到的所有"线宽"进行预先定义和统一管理。

单击 Revit 菜单中的"管理"➤"设置"➤"其他设置"，如图 2.4-1 所示，在弹出的下拉菜单中单击"线宽"。在弹出的【线宽】对话框中按需要进行修改。编辑完成后，单击"确定"，完成修改，如图 2.4-2、图 2.4-3 所示。

图 2.4-1　"其他设置"菜单

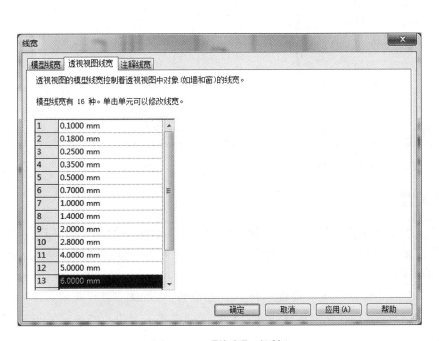

图 2.4-2　【线宽】对话框

图 2.4-3　"线样式"菜单

2.4.2　线型图案设置

二维平面图纸中常用的线型主要包括：实线、虚线、点划线[①]等。在 Revit 中可以通过【线型图案属性】对话框对各种线型进行详细的设置，比如可以设置虚线的划线部分和间隔部分的长度，从而定义完全满足用户需求的虚线样式；同时，可对所有的线型图案进行统一管理。

单击 Revit 菜单中的"管理" ➤ "设置" ➤ "其他设置"，在弹出的下拉菜单中单击"线型图案"按钮，在弹出的【线型图案】对话框中按需要进行修改。以修改"划线"为名的线型图案为例，如图 2.4-4、图 2.4-5 所示。

1. 选择列表中的"划线"，单击"编辑"，弹出【线型图案属性】对话框；
2. 修改"划线"、"空间"等的值为 5.00mm；
3. 单击"确定"；
4. 编辑完成后，单击"确定"。

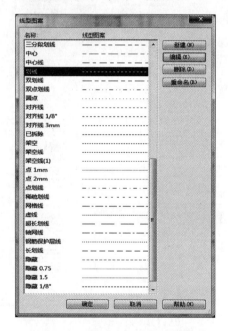

图 2.4-4　【线型图案】对话框

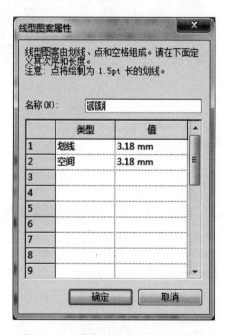

图 2.4-5　【线型图案属性】对话框

2.4.3　线样式设置

定义好"线宽"和"线型图案"后，即可根据设计需要组合出不同的"线样式"，定义好的"线样式"主要被用在 Revit 中二维图形的表达上，类似于 CAD 的画线，是对 Revit 自动投影形成的平面图形的补充。

单击 Revit 菜单中的"管理" ➤ "设置" ➤ "其他设置"，如图 2.4-6 所示，在弹出的下拉菜单中单击"线样式"。在弹出的【线样式】对话框中按需要进行修改，编辑完成

[①]　软件中误为点划线，正确称谓应为点画线，后同——编者注。

后，单击"确定"确认，如图 2.4-7、图 2.4-8 所示。

图 2.4-6　"其他设置"菜单

图 2.4-7　"线样式"图符菜单　　　　图 2.4-8　某项目"线样式"设置表

2.4.4　对象样式

"对象样式"是对三维模型在二维视图中的投影线和二维注释对象等线样式的统一设置。这里的设置是具有全局性的，该设置会被使用到项目中的所有构件中（除非在指定视图中进一步进行了设置）。

单击 Revit 菜单中的"管理"➤"设置"➤"对象样式"，弹出【对象样式】对话框。其中包括了"模型对象"、"注释对象"、"分析模型对象"、"导入对象" 4 个选项卡，可根据需要分别对模型、注释、分析模型和导入对象中的各类图元的显示效果进行设置，如图 2.4-9～图2.4-12 所示。

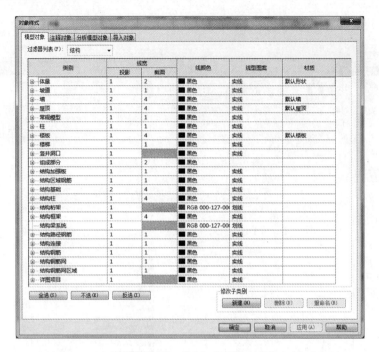

图 2.4-9 【对象样式】对话框中"模型对象"选项卡

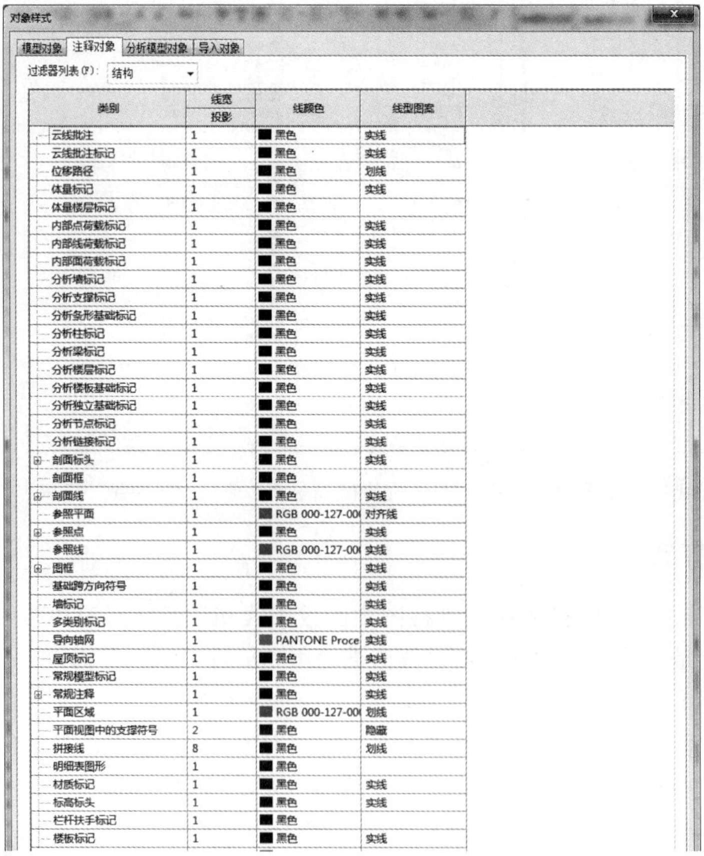

图 2.4-10 【对象样式】对话框中"注释对象"选项卡

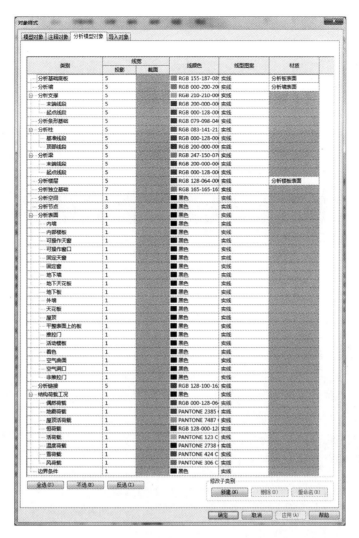

图 2.4-11　【对象样式】对话框中"分析模型对象"选项卡

图 2.4-12　【对象样式】对话框中"导入对象"选项卡

2.4.5　视图样板

与"对象样式"功能作用于项目中的所有图元不同，"视图样板"的功能仅作用于特定的视图，是对指定的视图更详细的设置，是对"对象样式"功能的补充。通过"视图样板"的设置，可以为不同的视图设置不同的显示方式，同时可以灵活地控制构件的显示与隐藏。

单击 Revit 菜单"视图"➤"图形"➤"可见性/图形"按钮（或快捷键"VV"）。弹出【可见性/图形替换】对话框，在这里可以分别对模型类别、注释类别和过滤器等样式进行设置，如图 2.4-13、图 2.4-14 所示。

图 2.4-13　"可见性/图形"菜单

1. "模型类别"选项卡

1）构件可见性设置

构件可见性设置主要是选择哪些构件可见与不可见。

（1）不勾选"在此视图中显示模型类别"，"可见性"列表变为不可编辑的灰色显示，所有模型类别在当前视图均不显示；

（2）勾选"在此视图中显示模型类别"，再在对应图元的"可见性"选项上勾选或不勾选，可以控制对应图元在当前视图的可见性。

图 2.4-14　【可见性/图形替换】对话框

2）图形替换

当各类视图（平面视图、立面视图、剖面视图、三维视图等）的图形显示方式（线宽、颜色、线型、填充、透明度、色调、详细程度等）与项目统一的"对象样式"设置不一致时，可对特定视图进行特殊设置。以下以"结构柱"为例，说明可设置的项目。

（1）投影/表面

"投影/表面"用来控制构件不被视图切割平面切割到的构件的显示方式。

线：单击"结构柱"对应的"投影/表面"➤"线"列，弹出【线图形】对话框。可根据需要调整"线"的宽度、颜色、填充图案（线型）等，如图 2.4-15、图 2.4-16 所示。填充图案（线型）的详细调整方法见 2.4.2 节介绍。

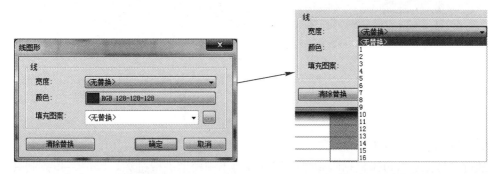

图 2.4-15　【线图形】对话框　　　　　图 2.4-16　线宽选择下拉菜单

填充图案：单击"结构柱"对应的"投影/表面"➤"填充图案"列，弹出【填充样式图形】对话框，可根据需要调整"填充图案"的可见性、颜色、填充图案等，如图 2.4-17 所示。

透明度：通过设置透明度，可在三维视图中显示被其他实体模型遮挡的实体，便于查看实体间的关系。单击"结构柱"对应的"投影/表面"➤"透明度"列，弹出【表面】对话框，可根据需要调整"透明度"的百分比，如图 2.4-18 所示。

（2）截面

"截面"用来控制构件被视图切割平面切割到的构件的显示方式。其中，"线"和"填充图案"的具体设置方式与（1）投影/表面的方法相同。

图 2.4-17　【填充样式图形】对话框　　　　图 2.4-18　【表面】对话框

2."注释类别"选项卡

"注释类别"选项卡如图 2.4-19 所示，主要对图面的注释对象效果进行设计，其可见性设置、线的设置方法与"模型类别"选项卡的相关内容一致。

图 2.4-19 "注释类别"选项卡

3. "过滤器"选项卡

通过"过滤器"可以根据特定参数值对各类不同模型进行过滤，以进一步控制其显示方式，作为"模型类别"显示控制的补充。

如图 2.4-20、图 2.4-21 所示，通过"过滤器"设置，在过滤器规则中添加"人防"关键词，从而在当前项目中筛选出所有的人防楼板，进而对人防区域实现自动填充。按照相同方式，可通过"过滤器"实现项目中构造柱填充、降板填充等自定义功能。

图 2.4-20 "过滤器"选项卡

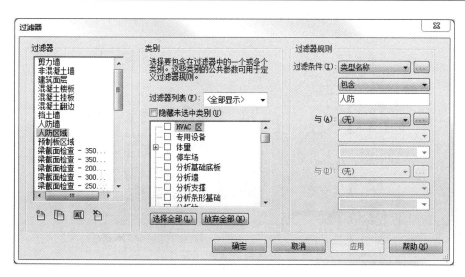

图 2.4-21　"过滤器"设置

4. 视图样板的管理

设置好的视图样板可以分类进行保存管理，在设计过程中，可以直接选用到需要的视图，以达到快速设置显示效果的目的。点击 Revit 菜单中"视图"➤"图形"➤"视图样板"➤"管理视图样板"，可调出【视图样板】对话框，如图 2.4-22、图 2.4-23 所示。

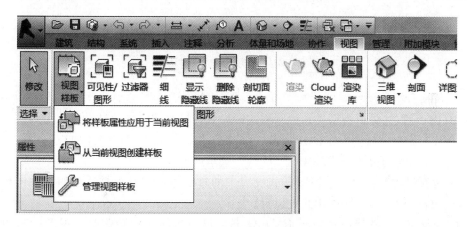

图 2.4-22　"管理视图样板"菜单

在【视图样板】对话框（图 2.4-23）中，可对视图的显示效果进行详细设置。其中，第一列为需要控制的参数，第二列为具体的数值，第三列为是否控制。当第三列勾选时，该行对应的控制参数即起控制作用，替换原有的默认设置；同时，选用该视图样板的所有视图的对应参数均不能单独调整，只能继承该视图样板的设置。结构专业正向设计时需要注意的控制点主要有：

V/G 替换模型：对应于视图样式设置中的模型类别选项卡，当此项被选中时，视图已有设置的模型类别视图样式即失效，均直接继承此处设置。

V/G 替换注释：对应于视图样式设置中的注释类别选项卡，当此项被选中时，视图已有设置的注释类别视图样式即失效，均直接继承此处设置。

图 2.4-23　【视图样板】对话框

V/G 替换分析模型：对应于视图样式设置中的分析模型类别选项卡，当此项被选中时，视图已有设置的分析模型类别视图样式即失效，均直接继承此处设置。

V/G 替换导入：对应于视图样式设置中的导入类别选项卡，当此项被选中时，视图已有设置的导入类别视图样式即失效，均直接继承此处设置。

V/G 替换过滤器：对应于视图样式设置中的过滤器，当此项被选中时，视图已有设置的过滤器即失效，均直接继承此处设置。

V/G 替换 RVT 链接：对应于 RVT 外部链接，当此项被选中时，视图已有设置的 RVT 外部链接即失效，均直接继承此处设置。

视图范围：对应于视图样式设置中的视图范围，当此项被选中时，视图已有设置的视图范围即失效，均直接继承此处设置，如图 2.4-24 所示。

规程：RVT 中的规程相当于专业的含义。选择特定规程时，仅该专业模型内容可见。结构设计时将规程选定为"结构"即可。当需要参看其他专业内容时，也可选用对应专业或者"协调"；当选用"协调"时，所有专业内容均可见，如图 2.4-25 所示。

2.4.6　常用系统族设置

系统族作为 Revit 自带的族，不可以从外部载入，各项修改均记录在项目文件中，因此通常根据项目需要，将系统族调整妥当，再保存为样板文件，以供后续使用。

图 2.4-24　【视图范围】对话框　　　　　　图 2.4-25　规程设置

系统族的编辑通过族编辑器进行，在绘制工作区单击选中某系统族实体，例如"墙"，点击对应属性栏中的"编辑类型"按钮，打开该系统族的类型菜单，按需进行类型选择或参数修改，如图 2.4-26 所示。以下通过墙、楼板、尺寸标注、轴分别进行演示。

墙设置：结构中的墙一般可按厚度和功能进行分类，例如人防墙-300、剪力墙-400、挡土墙-300 等，如图 2.4-27 所示。

图 2.4-26　系统族-墙属性菜单　　　　　　图 2.4-27　系统族-墙设置

楼板设置：结构中的板一般可按厚度和功能进行分类，例如 $h^①$＝100、h＝120—挑板、h＝130—叠合板等，如图 2.4-28 所示。

轴网设置：结构中的轴网格式相对固定，一般仅区别轴线圈大小，如图 2.4-29 所示。

2.4.7　项目参数及共享参数设置

BIM 模型作为信息模型的载体，不只具有三维信息，同时还包含了大量的数据信息。这些信息可以通过添加项目参数、共享参数、族参数等按用户的需求进行扩展。

---

① 此处 h 应为斜体，因要与软件视图中保持一致，使用正体，后同——编者注。

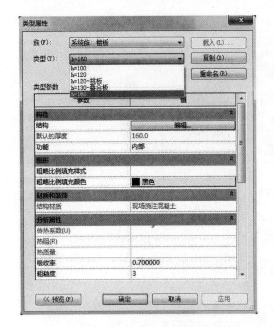

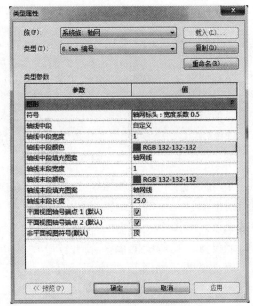

图 2.4-28　系统族-板设置　　　　　　　　图 2.4-29　系统族-轴网设置

单击 Revit 菜单中的"管理"➤"设置"➤"项目参数"。弹出【项目参数】对话框，点击"添加"可以为指定的图元添加新的参数，如图 2.4-30 所示。

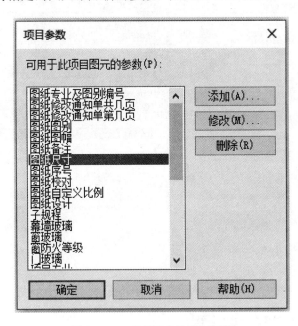

图 2.4-30　【项目参数】对话框

参数类型包含"项目参数"和"共享参数"，根据参数类型的不同，参数的使用场景也不同，"项目参数"可以被明细表提取，但是不能被标记族提取，"共享参数"既可以被明细表提取，也可以被标记族提取，同时还可以在多个项目和族中共享。用户可根据参数的性质，确定参数使用的类型，关于参数类型更详细的说明见 2.2 节。

设置好参数的名称、类别和分组后，可以为参数指定待添加参数的图元类别。点击"确定"，则被选中的图元类别会新增用户添加的参数，如图 2.4-31 所示。

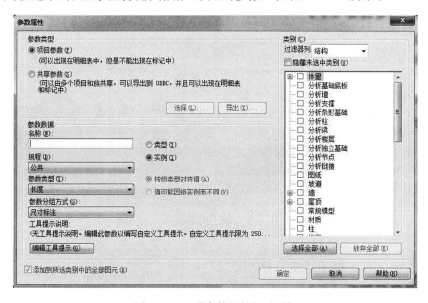

图 2.4-31　【参数属性】对话框

2.4.8　明细表设置

Revit 中明细表可用于对某类图元进行统计，在结构设计中，通常用于表达结构柱配筋、楼梯梯段板配筋、图纸目录等。

点击菜单中"视图"➤"明细表"➤"明细表/数量"，在弹出的【新建明细表】对话框中，选择需要创建某类图元的类别，如图 2.4-32、图 2.4-33 所示。

图 2.4-32　"插入明细表"菜单

图 2.4-33　【新建明细表】对话框

以结构柱明细表为例，通过明细表，可以将结构柱的配筋信息提取出来，直接生成柱平法施工图中的框架柱配筋表，并可以实现配筋表中信息和结构柱中信息联动修改，如图 2.4-34 所示。

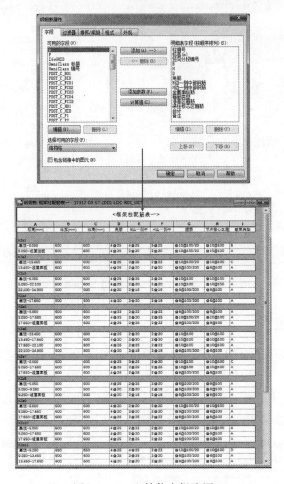

图 2.4-34　配筋信息提取图

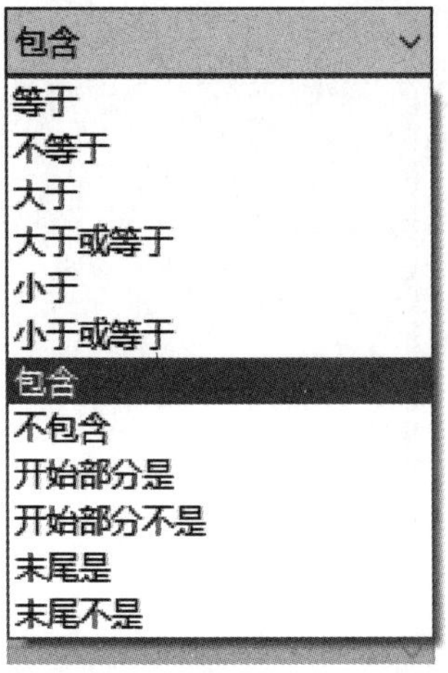

图 2.4-35　明细表的"过滤器"选项

其中，Revit 中明细表的"过滤器"功能提供了"等于""不等于""包含""不包含"（如图 2.4-35 所示）等多种逻辑关系，帮助设计人员按自定义的过滤条件过滤出所需构件。

2.4.9　项目浏览器组织

Revit 中，可通过视图样板设置不同功能的视图。例如：设计视图用于结构设计师开展工作，提资视图用于各专业协同配合，校审视图用于反馈校对审核意见等。这些不同类型的视图，可以通过对项目浏览器的组织设置多层次的分类管理，实现视图的高效应用。

右键点击"视图（结构专业）"➤"浏览器组织"，

打开项目浏览器组织菜单，选中所需的项目浏览器组织方式，点击"编辑"，进入【浏览器组织】对话框，可根据需求设置成组排序方式，如图 2.4-36～图 2.4-38 所示。可通过"阶段"条件，区别视图组织的第一级目录分别是"设计""提资""出图""备份""校审"等，进而通过"图纸类型"，区别视图组织的第二级目录分别是"三维""剖面""立面""结构平面"等。

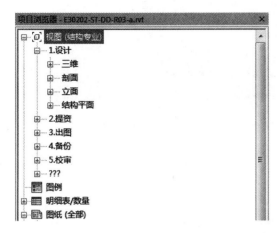

图 2.4-36　选择"浏览器组织"

图 2.4-37　选择所需的浏览器组织方式

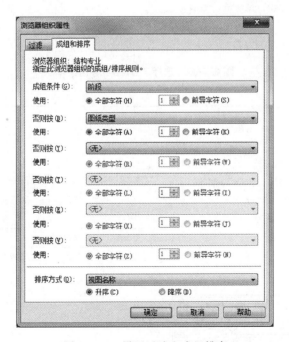

图 2.4-38　设置过滤和成组排序

2.4.10　DWG 导出设置

Revit 中的视图、图纸可以导出 DWG 文件，通过 DWG 导出设置，可以为各线型样式设置对应的 CAD 图层和颜色，以便导出的 DWG 图纸满足设计要求。

　　点击 Revit 菜单"文件"➤"导出"➤"CAD 格式"➤"DWG"按钮,打开【DWG 导出】对话框,如图 2.4-39、图 2.4-40 所示。点击"修改导出设置"中"…"按钮,进入 DWG 导出设置界面,如图 2.4-41 所示。进而可详细地对不同构件导出后的图层名、线型、线宽、颜色等进行设置。

图 2.4-39　选择"DWG"导出菜单

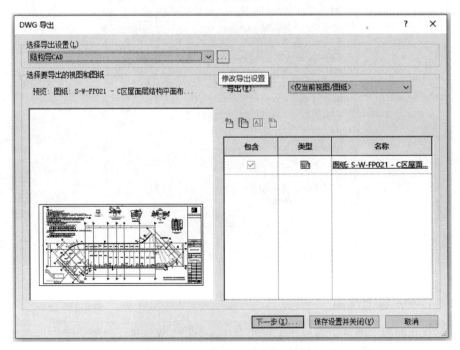

图 2.4-40　【DWG 导出】对话框

图 2.4-41　【修改 DWG/DXF 导出设置】对话框

第 3 章

协同设计 3

协同设计是 BIM 正向设计的特点，也是 BIM 正向设计的基础。各专业设计数据以 BIM 模型的方式进行交互与提资，避免了专业间的重复建模，实现了专业配合的数据化和高效率，大幅提升建筑设计的协作效率与设计质量。

3.1 协同方式

基于 Revit 进行协同设计时，不同项目、不同专业对协同设计需求有所不同。从数据管理方式上，可分为文件内的协同与文件间的协同，其中文件内的协同即中心文件协同方法，文件间的协同即外部链接协同方法。通过这两种方法的使用与组合，可为不同项目搭建适宜的协同组织方式。

3.1.1 中心文件协同方法

中心文件协同方法可简单理解为多人同时操作一个模型文件。为实现该目的，在 Revit 中，将模型文件分为中心文件与本地文件，中心文件放置在网络服务器上，各个设计人员编辑个人本地电脑的本地文件，系统自动建立本地文件与网络中心文件的数据通信。通过同步操作，将各个本地文件的修改内容同步至网络中心文件，并将整合后的数据向各个本地文件分发。同时，系统对各个本地文件进行实时操作监视，自动对所有构件的编辑权限进行有组织的管理，避免出现编辑冲突。从而，实现了多人同时编辑一个模型文件的协作概念，又避免了相互干扰，如图 3.1-1 所示。

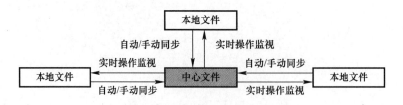

图 3.1-1 中心文件协同方法

在中心文件协同方法中，构件的编辑权限以"工作集"的概念进行管理。当对构件设置工作集划分后，工作集内的构件仅能由工作集的所有者编辑；当不设置工作集划分时，构件按"先到先得"和"唯一操作"的方式管理，即当有人编辑某一构件时，其他人员均无法修改该构件，直到编辑者编辑完毕并将修改同步至中心文件为止。

工作流程如下：

（1）在局域网的工作环境下，通过"公共服务器"或"项目主服务器"的计算机建立项目"中心文件"。

（2）通过"中心文件"共享项目轴网、标高等通用信息，以"工作集"的方式创建各计算机及参与人员权限和工作范围，各参与人员在自己的权限"工作集"中进行各自的设计内容。

（3）由于所有参与者都是基于中心文件进行工作，因此在设计过程中可以通过 Revit中的"协同"选项和"同步"按钮进行文件上传和同步，所有参与人员都能够适时获取项目的最新模型，并且不会相互干扰。

操作步骤如下：

（1）根据项目需要，选择"样板文件（企业样板/项目样板）"建立项目，点击 Revit菜单中的"协作"➤"管理协作"➤"工作集"，弹出【工作共享】对话框，点击确定，接受默认设置，弹出【工作集】对话框，在此处可以根据项目要求设置不同的工作集，也可以直接点击确定，先接受默认设置，后续跟随项目需要，逐步完善，如图 3.1-2～图 3.1-4 所示。

（2）将已经设置工作集的文件保存至拟定的网络位置，关闭文件。

（3）参与该设计的人员，进入拟定的网络位置，在【打开】对话框中，注意勾选"新建本地文件"，点击打开，如图 3.1-5 所示。此时，系统将在本地生成一个对应于"中心文件"的"本地文件"。

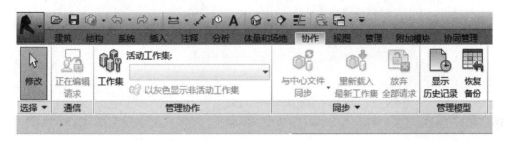

图 3.1-2　启动"工作集"

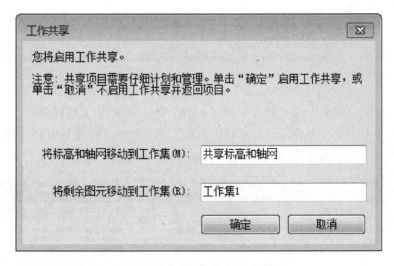

图 3.1-3　【工作共享】对话框

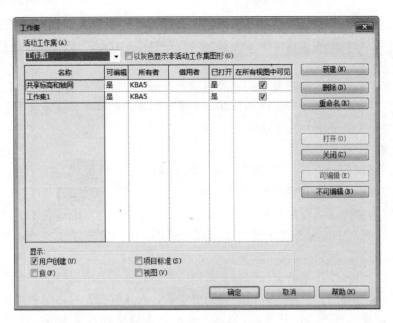

图 3.1-4　【工作集】对话框

图 3.1-5　【打开】对话框

（4）点击 Revit 菜单中的"协作"➤"同步"➤"与中心文件同步"，或者点击任务栏中"同步"快捷按钮，如图 3.1-6、图 3.1-7 所示。在弹出的【与中心文件同步】对话框中，点击确定，完成与中心文件的同步，如图 3.1-8 所示。

图 3.1-6　"与中心文件同步"菜单

图 3.1-7　"同步"快捷按钮

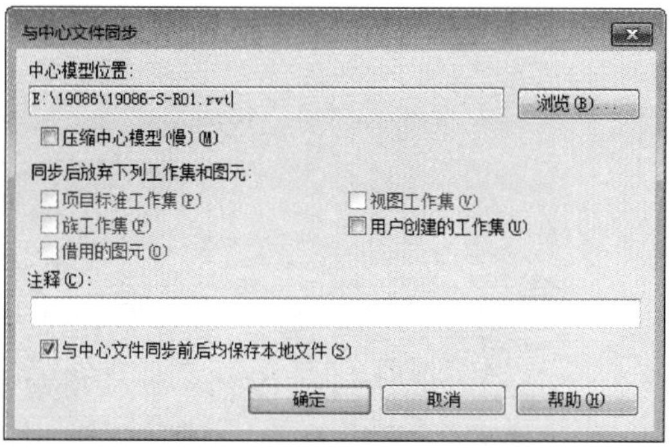

图 3.1-8　【与中心文件同步】对话框

　　需要注意的是，当难以明确划分工作集时（例如结构专业中心文件），可采用图元借用的协作方式将所有图元放在公用工作集中（个人不独占）。此时，各设计人员可以直接从服务器中心文件中自动借用其编辑权限，即可直接编辑该图元。当系统判定该图元已经被其他设计人员编辑占用时，会向对方放置编辑请求，对方在收到请求后查看被借用的图元并授权后才能继续编辑。采用这种图元借用的协同方式进行中心文件同步时，应注意在"同步后放弃下列工作集和图元"区勾选"借用的图元"选项，避免编辑权限长期占用。

3.1.2　外部链接协同方法

　　外部链接协同方法与 CAD 中的外部链接类似，即将独立的 BIM 模型引入需协同的 BIM 模型中，并予以显示，实现叠图、叠模型的目的。在整个链接过程中，被引入的 BIM 模型数据并不加入需协同的 BIM 模型，仅以外部数据的形式在显示界面加载，BIM 模型间彼此独立，方法简单、便捷，如图3.1-9所示。

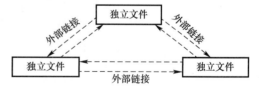

图 3.1-9　外部链接协同方法

　　外部链接插入方式与 CAD 类似，点击 Revit 菜单中的"插入"➤"链接"➤"链接 Revit"，在弹出的【导入/链接 RVT】对话框中，选择拟链接的 Revit 文件，点击确定，完成插入链接，如图 3.1-10、图 3.1-11 所示。

图 3.1-10　"链接 Revit"菜单

图 3.1-11　【导入/链接 RVT】对话框

为了协调不同文件间的坐标和高程，Revit 中为链接模型的定位提供了多种方式。其中，比较有特点的是"通过共享坐标"，Revit 借助"在点上制定坐标"的方式为建筑物设定共享坐标体系，并就此提供了"共享坐标"的方式记录链接文件相对位置，在不必反复调整模型定位的基础上，实现了链接文件间快速定位[7]。但是由于实际项目往往参与人员众多，且各专业设计中，存在 Revit 以外的其他软件参与设计的情况，因此，仍然推荐采用"自动-原点到原点"的方式进行坐标协同（如图 3.1-12 所示），确保所有模型文件采取统一的坐标和高程体系。

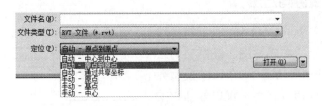

图 3.1-12　选择链接文件定位方式

完成链接外部文件后，可通过"管理链接"进行管理。点击 Revit 菜单中的"管理"➤"管理项目"➤"管理链接"，在弹出的【管理链接】对话框中，可对每个外部链接文件进行更换路径、重载、卸载等管理操作，如图 3.1-13、图 3.1-14 所示。

图 3.1-13　"管理链接"菜单

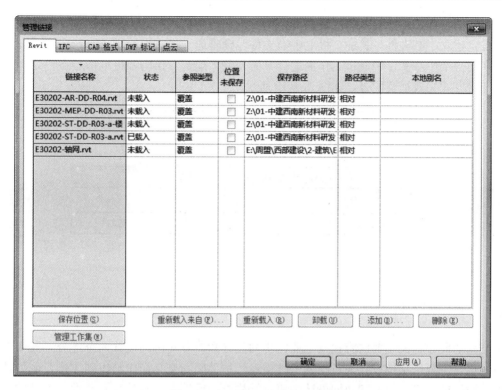

图 3.1-14　【管理链接】对话框

3.1.3　项目协同组织方式

中心文件协同方法与外部链接协同方法各有特点，中心文件协同方法的特点如下：

（1）对于团队沟通与协调较为有益，但由于使用中心文件模式进行协同的过程中，各专业会创建很多工作集，容易导致工作集权限频繁交叉，设计管理工作量大幅增加。

（2）在不断更新模型的过程中，中心文件模型文件会变得越来越大，会导致模型运行越来越卡顿，同时不慎操作会有可能导致中心文件的损坏，需额外注意模型备份。

外部链接协同方法的特点如下：

（1）参与人可以根据需要随时加载模型文件，各专业之间的调整相对独立。尤其针对大型项目，在协同工作时，模型性能表现较好，软件操作响应快。

（2）使用此方式，模型数据相对分散，协作的时效性稍差。

实际项目中，如果仅采用中心文件协同方法，当专业较多时，容易导致权限交叉混乱，那么可以考虑减少专业数量，将专业控制在大专业内部。例如，土建团队使用一个中心文件，机电团队使用一个中心文件，既保证了即时性，也减少了可能会出现的权限问题。由于土建和机电需要进行相互"参照"，所以可以使用链接的协同方式，双方各自在中心文件中链接对方的中心文件即可。这种同时采用中心文件和外部链接的方式，就是混合协同方法。

该模式也是基于 Revit 的正向设计中最常用的协同方式。对于规模较大的项目，需要考虑中心文件拆分问题，形成多个"中心文件"。当协同工作时，采用"链接"的形式将需要协同"中心文件"引入协同配合工作中。以某中型项目案例为例,建筑、结构和机电专业各自建立中心文件。其中,机电中心文件包含暖通、机电和给水排水三个专业,三个专业在同一个中心文件中通过工作集进行界面划分。建筑、结构和机电中心文件之间通过外部链接方式完成提资配合,如图 3.1-15 所示。

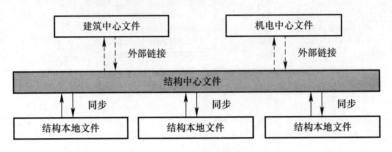

图 3.1-15 混合协同方法

3.2 协同设计

结构协同设计的主要内容包括专业内协同设计和专业间协同设计两个部分,其中专业内协同设计主要指结构设计人员在各个结构设计软件间的交互操作与协同工作,例如计算软件与建模软件等;专业间协同设计主要指结构专业设计人员与其他专业设计人员的提资等交互操作。

3.2.1 专业内协同

结构专业内部协同包括结构计算分析软件间的协同、结构计算分析软件与 Revit 间的协同、Revit 的协同三个部分,如图 3.2-1 所示。

3.2.2 专业间协同

根据前述推荐,结构专业与其他专业的协同方式为链接外部文件,因此,结构的专业间协同主要通过提资图进行,在结构 BIM 模型中,点击"VV"快捷键命令,调出【RVT链接显示设置】对话框,如图 3.2-2 所示。Revit 软件中提供了主体视图和提资视图两种链接视图的控制方式,其中主体视图操作便捷,但显示效果可控性较差,提资视图可以根据接收专业需要单独设置,详述如下。

"按主体视图"为模型文件链接后的默认设置,即基于当前三维 BIM 模型的平面剖切后的默认显示形式。由于现有的建模过程,并未完全考虑施工图纸的线型剪切,直接对各专业模型进行链接显示,可能导致构件间的剪切关系错误。如图 3.2-3 所示,当采用"按主体视图"时,建筑墙体将被同位置的结构框架柱打断,视图中显示建筑墙体贯穿结构框架柱,不满足图纸要求。

此时,需使用提资视图控制不同构件的显示效果。在结构 BIM 模型中,点击"VV"命令,调出【RVT 链接显示设置】对话框。如图 3.2-4 所示,将显示效果选择为"按链接视图",在链接视图选项中选择对应的结构提资视图。

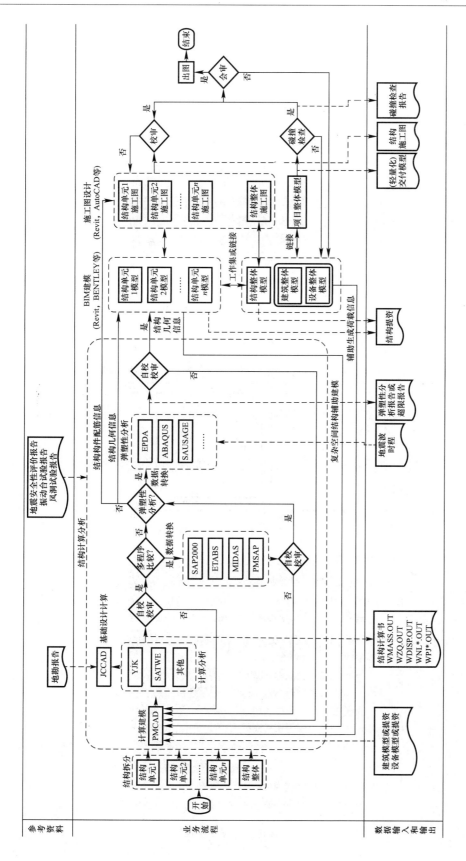

图 3.2-1　结构专业内部BIM协同设计流程

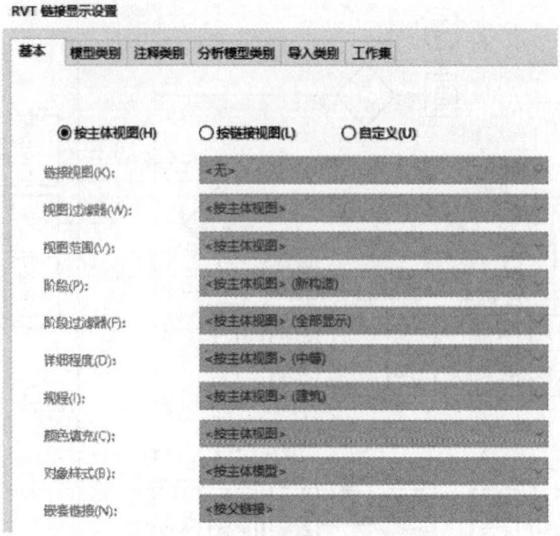

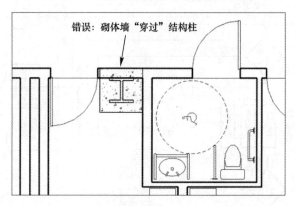

图 3.2-2　【RVT 链接显示设置】对话框

图 3.2-3　"按主体视图"的显示效果实例

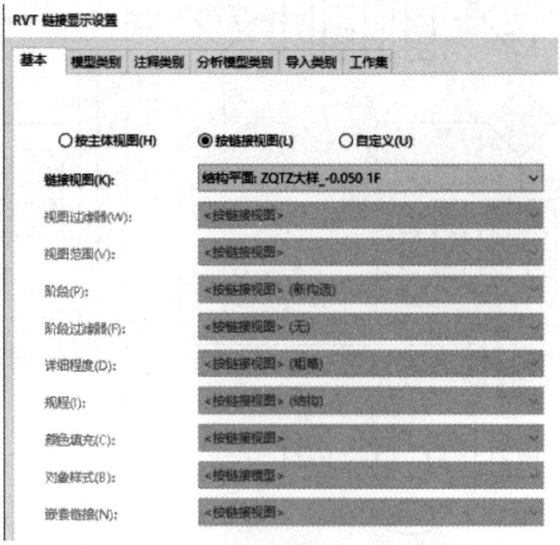

图 3.2-4　"按链接视图"设置

如图 3.2-5 所示，建筑专业（提资接收专业）在其设计文件的 1F 平面中设置使用"按链接视图"形式，并选择结构专业（提资专业）对应创建的 1F 柱墙提资大样视图"ZQTZ 大样 _ −0.050 1F"（该视图的设置中，结构剖切平面高度高于建筑剖切平面）。此时，建筑墙体被结构框架柱打断，视图显示正确。

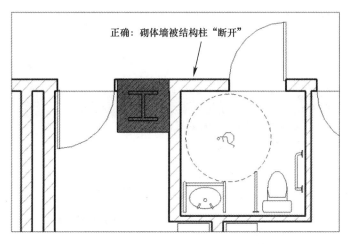

图 3.2-5　建筑专业使用结构提资视图后效果

实际项目中，结构专业常见的提资视图可分为"底图提资视图"与"验证提资视图"。其中，"底图提资视图"主要用作其他专业成果图纸中的结构底图，如包含结构竖向构件的楼层平面提资图或局部剖切提资图等；"验证提资视图"主要用于专业间的设计过程配合，如包含梁底标高的梁图和楼板边线图等，如图 3.2-6 所示。

以底图提资视图为例，可通过以下步骤创建：

（1）创建独立的视图。提资视图各项设置需满足提资接收文件/专业的要求，故需要单独创建并合理命名，以便于选用。

（2）在提资视图的【可见性/图形替换】对话框（图 3.2-7）中控制需要显示的构件类型和这些构件的显示模式。如建筑平面图大部分情况下仅需要显示结构的墙体和结构柱等竖向构件，则可关闭其他类别的构件。同时，对需要显示的构件分别设置其截面（截面线和填充图案）和投影（投影线和表面填充，如果需要）样式。

（3）设置剖切位置。对于某些特殊提资视图，需控制剖切位置。例如用于出图的底图提资视图，

图 3.2-6　提资视图

结构的剖切位置需在提资接收文件/专业视图的剖切位置的视线上方，以确保结构提资视图可以"盖住"提资接收文件/专业视图，如图 3.2-8 所示。

图 3.2-7　提资视图【可见性/图形替换】对话框

上述关系可在【视图范围】对话框中设置，如建筑平面剖切面偏移为 1200，则对应此平面的结构提资图剖切面偏移可设置在 1250 或 1300，如图 3.2-9、图 3.2-10 所示。

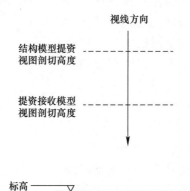

图 3.2-8　平面提资剖切示意

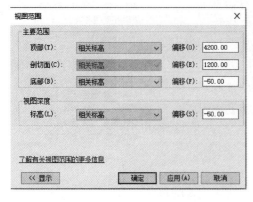

图 3.2-9　建筑视图范围设置

图 3.2-10　结构提资视图范围设置

"验证提资视图"仅用于设计过程中专业交互信息查看与验证，而不用于正式出图，如验证梁底标高的梁图提资视图（如图 3.2-11 所示）。其创建步骤类似于底图提资视图，仅在提资视图【可见性/图形替换】对话框中做不同于底图提资视图的设置即可。

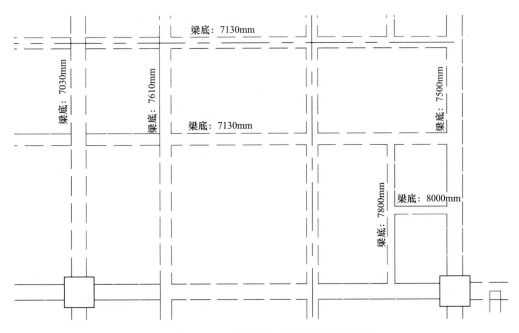

图 3.2-11　包含梁底标高的梁图提资视图

3.2.3　轴网共享

建筑设计的轴网由建筑专业统一策划，结构专业在导入计算模型后，需从建筑模型"导入"轴网，具体步骤如下。

1. 链接建筑模型

点击 Revit 菜单中的"插入"➤"链接"➤"链接 Revit"（如图 3.2-12 所示）。弹出【导入/链接 RVT】对话框，进入建筑模型所在的文件夹，选择建筑模型，点击"打开"。

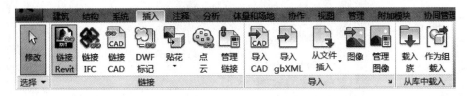

图 3.2-12　"链接"菜单

2. 调整链接视图

点击"VV"快捷键，弹出【可见性/图形替换】对话框，点击"Revit 链接"选项板，点击显示设置中建筑模型所在行的显示设置按钮（如图 3.2-13 所示）。在弹出【RVT 链接显示设置】对话框中，在"基本"选项板点击"按链接视图"，在链接视图下拉列表中选择与当前结构标高视图相对应的建筑视图，本例结构标高视图为"标高 5.050m"，对应的建筑视图则为"楼层平面：2F"（如图 3.2-14 所示），点击"确定"。

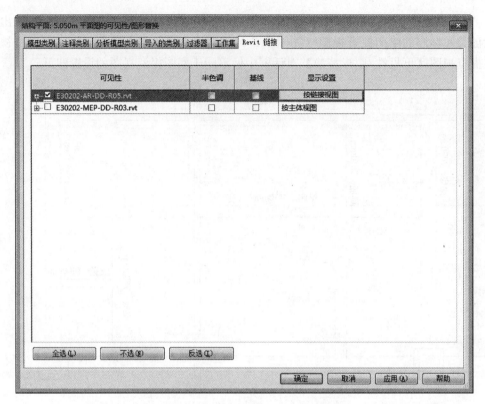

图 3.2-13 【可见性/图形替换】对话框

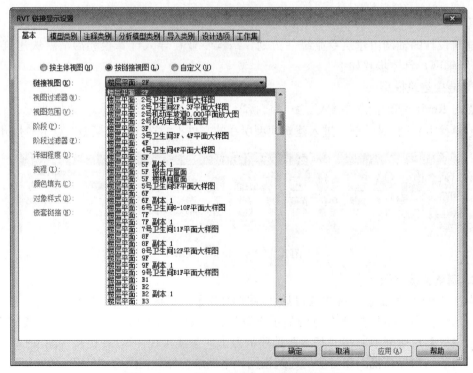

图 3.2-14 【RVT 链接显示设置】对话框

3. 复制/监视建筑专业轴网

点击 Revit 菜单中的"协作"➤"坐标"➤"复制/监视"➤"选择链接"（如图 3.2-15 所示）。单击链接的建筑模型，图形区进入"复制/监视"编辑模式（如图 3.2-16 所示）。点击 Revit 菜单中的"复制/监视"➤"工具"➤"复制"，勾选选项栏"多个"选项（如图 3.2-17 所示），框选整个建筑模型（如图 3.2-18 所示），点击选项栏中的"过滤器"（如图 3.2-19 所示）。弹出【过滤器】对话框，只勾选轴网，点击"确定"，点击选项栏中的"完成"，完成复制轴网（如图 3.2-20 所示）。

图 3.2-15　"复制/监视"菜单

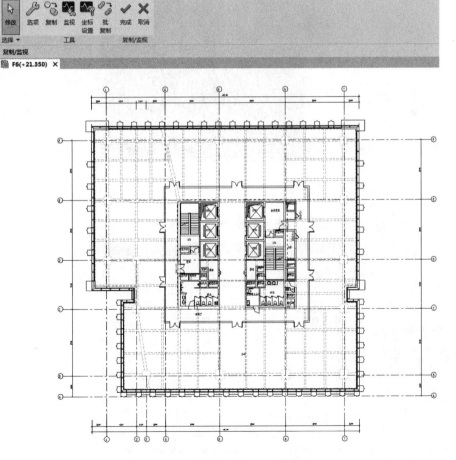

图 3.2-16　"复制/监视"编辑模式

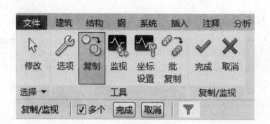

图 3.2-17 "复制/监视"菜单

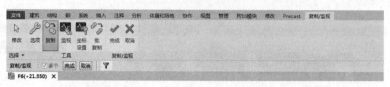

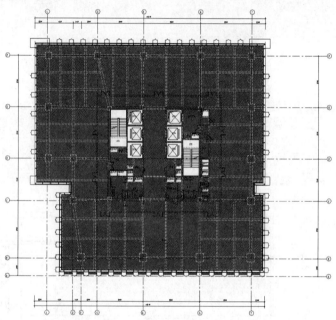

图 3.2-18 框选建筑模型

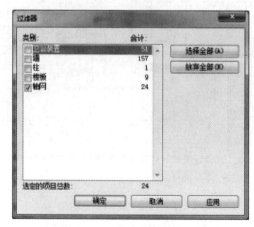

图 3.2-19 【过滤器】对话框

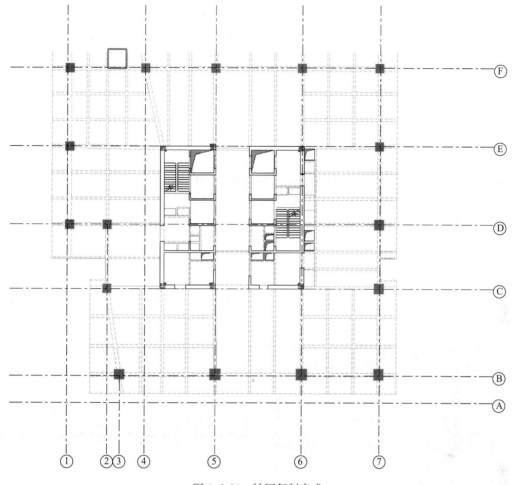

图 3.2-20　轴网复制完成

此后，一旦建筑轴网修改，结构模型会弹出"警告"，见图 3.2-21。点击"确定"进入视图，点击 Revit 菜单中的"协作"➤"坐标"➤"协调查阅"➤"选择链接"（如图 3.2-22 所示），弹出【协调查阅】对话框。在【协调查阅】对话框中选择修改的轴网，点击"显示"，即可得到建筑轴网的修改信息（如图 3.2-23 所示）。

图 3.2-21　建筑轴网修改警告

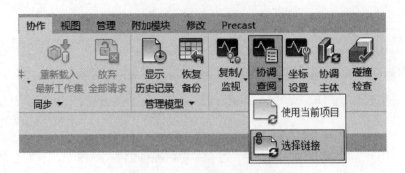

图 3.2-22　"复制/监视"菜单

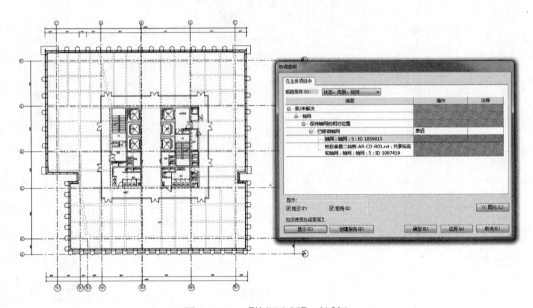

图 3.2-23　【协调查阅】对话框

3.3　正向设计管控要点

3.3.1　项目 BIM 标准制定要点

正向设计开始时，需根据项目的不同阶段以及项目的具体目的来确定模型精度等级，根据不同等级所概括的建模要求来确定建模精度。只有基于同一建模精度创建模型，各专业之间模型协同共享时，才能最大限度地避免数据丢失和信息不对称。建模精度等级的另一个重要作用就是，规定了在项目的各个阶段各模型授权使用的范围。例如，若 BIM 模型只进展到初步设计模型精度，则该模型不允许应用于设计交底；只有模型发展到施工过程模型时才能被允许，否则就会给各方带来不必要的损失。类似内容需要合同双方在设计合同附录中约定。

此外，为了能够准确整合模型，确保模型集成后能统一定位、规范管理，保证模型数据结构与实体一致，还需要在 Revit 中预先定义和统一模型的建模标准，包括楼层名称、楼层顶标高、楼层的顺序编码以及度量单位、模型坐标、模型色彩、名称等。

近年来,BIM 技术特别是正向设计持续发展,相关国家标准、行业标准陆续出台,如表 3.3-1 所示,各地区也相继出台了系列 BIM 模型相关标准,设计时可根据需要选用或参考。此外,在正向设计中,项目团队可以制定项目级的协同设计标准,并在此基础上进行总结、提炼,进一步形成企业级 BIM 协同设计标准。

基于 BIM 的正向设计主要相关标准[8-12]

表 3.3-1

相关标准	主要内容
《建筑信息模型设计交付标准》 GB/T 51301—2018	采用 BIM 模型进行交付时的主要内容与深度
《建筑信息模型应用统一标准》 GB/T 51212—2016	BIM 模型及相关软件的应用、组织等基础规则
《建筑信息模型分类和编码标准》 GB/T 51269—2017	BIM 模型中元素的分类方法与标准编码
《建筑信息模型施工应用标准》 GB/T 51235—2017	施工阶段 BIM 模型的建模要求与应用
《建筑工程设计信息模型制图标准》 JGJ/T 448—2018	模型建模标准及从模型生成图纸的基本要求

3.3.2 项目样板制定要点

在 Revit 中新建项目时,需选择合适的"项目样板文件"。以明确项目的单位、材质设置、视图设置、可见性设置、载入的族等信息。合适的项目样板是高效协同的基础,可以减少后期项目中的二次调整,提高项目设计的效率。设计人员根据不同项目的特征,将所需的建筑、结构、机电等构件族在模板中预先加载,并定义好部分视图的名称和出图样板,形成一系列项目样板文件。

此外,在各专业样板之间还需注意字体、命名等一些共性问题的统一。通过项目实践,不断地积累各类项目样板文件,形成丰富的项目样板库,大大提高正向设计的工作效率。

3.3.3 BIM 协同管理要点

正向设计中的 BIM 协同设计管控,主要是为了确保 BIM 模型数据的延续性和准确性,减少项目设计过程中的反复建模,减少因不同阶段的信息割裂导致的设计错误,提高团队的工作效率与准确率,提升设计产品的质量。正向设计中的 BIM 协同主要考虑以下基本原则:

(1)制定合理的任务分配原则,保证各专业间、专业内部各设计人员间协同工作的顺畅有序;

(2)考虑企业现有的软硬件条件,制定合理的协同工作流程,避免超出硬件的支撑能力;

(3)设计阶段中的 BIM 协同包含了大量的数据传递,各阶段的设计人员应尽可能将现阶段的数据传递到下一阶段,当数据格式不同时,则需要考虑一种最佳的中间格式,以便下一阶段的再利用;

（4）确保数据模型版本的唯一性、准确性与时效性。

3.3.4　设计文件管理要点

正向设计的模型和图纸数据均保存在文件中，RVT 文件的错误、损伤或丢失将为设计质量、设计进度带来极大影响，因此，设计中应严格管理 RVT 文件，主要要求有：

（1）所有 RVT 文件应存放在网络服务器上，并对其进行定期备份。

（2）各项目人员应通过受控的权限访问网络服务器上的 RVT 文件。

（3）RVT 本地文件应设置合理的同步时间自动同步至中心文件。

（4）应合理设置 RVT 文件的自动保存提示间隔时间。

（5）严禁直接查看、编辑 RVT 中心文件。

（6）打开 RVT 中心文件时，不要随意勾选"从中心分离"，否则将无法同步。

（7）当需对 RVT 中心文件进行风险操作（例如打开其他专业中心文件等），应在打开文件时选择将中心文件分离为本地文件并放弃工作集。

（8）同一中心文件的各个设计人不要同时执行同步操作，避免集中同步导致的时间过长或文件崩溃。在同步过程中，设计人不应离开电脑，以便及时解决可能出现的问题，避免延误他人工作。

（9）一旦服务器中的项目中心文件出现问题无法打开或者丢失时，可以选择最新版本的本地工作文件，作为基础文件，将其"另存为"新的中心文件继续设计。这样，可能仅会丢失最后一次同步后做的部分设计工作，而保留之前完成的大部分工作成果。

虽然有许多商业软件提供了 CAD 翻模工具和自结构计算软件模型转换为 Revit 模型的工具，但熟悉并掌握采用 Revit 建模的技巧仍是结构工程师进行 BIM 正向设计的重要手段。本章介绍建筑工程中钢筋混凝土结构常见结构构件的建模技巧，结构模型不仅为各专业协同配合提供了可视化途径，便于各专业理解结构工程师的设计意图，避免因理解或配合不畅导致设计反复，同时也为政府相关部门、建设方、施工方等沟通或理解设计方案及成果提供了直观的可视化渠道，提高了沟通效率。设计模型也为下一步通过模型进行结构初步设计或施工图设计打下基础，因此掌握结构建模技巧是做好 BIM 结构正向设计的基础。

4.1 基础建模

4.1.1 独立基础建模

独立基础是结构设计中最常见的基础形式，Revit 自带族库中提供了各类常用独立基础形式，以下分别就其中最常见的锥形独立基础和阶形独立基础进行介绍。

1. 锥形独立基础建模

在"项目浏览器"中，选择需要添加锥形独立基础的平面视图，双击"视图（结构专业）" ➤ "1. 设计" ➤ "平面图" ➤ "结构平面：−13.450m 平面图"列表项（如图 4.1-1 所示），Revit 图形区显示该视图代表的结构平面，【类型属性】对话框中显示了该结构平面视图的属性。

点击 Revit 菜单中的"结构" ➤ "基础" ➤ "独立"。Revit 菜单栏变为如图 4.1-2 所示界面，表示已进入独立基础创建状态。

在属性栏，选择"独立基础-坡形截面"，点击"编辑类型"，填写锥形独立基础尺寸。点击"确定"，可以看到，拟插入的锥形独立基础已经按填写的尺寸修改了大小。此时，锥形独立基础的捕捉点在基础中心，点击对应柱中心点，即可布置对应锥形独立基础，如图 4.1-3 所示。

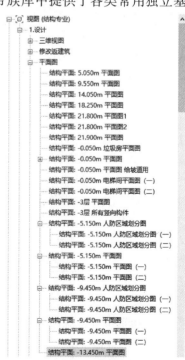

图 4.1-1 选择基础所在层的结构平面

图 4.1-2　锥形独立基础创建状态

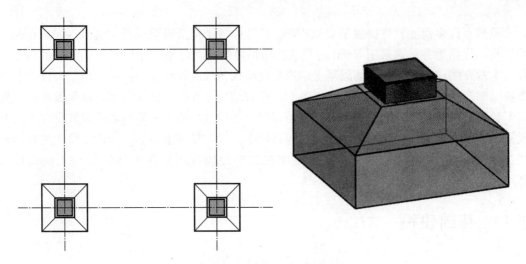

图 4.1-3　锥形独立基础布置图

锥形独立基础的各项属性用以控制独立基础的外部尺寸，详细含义见图 4.1-4。

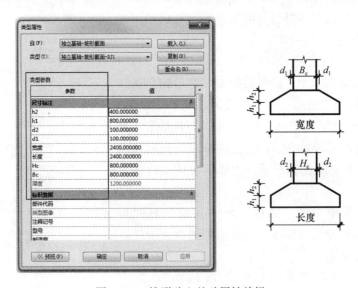

图 4.1-4　锥形独立基础属性编辑

2. 阶形独立基础建模

在"项目浏览器"中，选择需要添加阶形独立基础的基础层平面视图。点击 Revit 菜单中的"结构"➤"基础"➤"独立"。Revit 菜单栏变为如图 4.1-5 所示界面，表示已进入独立基础创建状态。

图 4.1-5 阶形独立基础创建状态

在属性栏，选择"独立基础-三阶"，点击"编辑类型"，填写阶形独立基础尺寸。点击"确定"，可以看到，拟插入的阶形独立基础已经按填写的尺寸修改了大小。此时，阶形独立基础的捕捉点在基础中心，点击对应柱中心点，即可布置对应阶形独立基础，如图 4.1-6 所示。

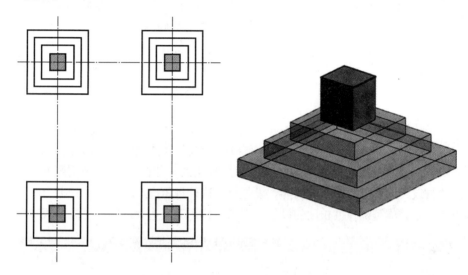

图 4.1-6 阶形独立基础布置效果

阶形独立基础的各项属性用以控制阶形独立基础的外部尺寸，详细含义见图 4.1-7。

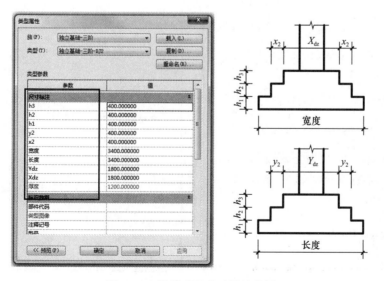

图 4.1-7 阶形独立基础属性编辑

图 4.1-8　选择基础所在层
的结构平面

4.1.2　筏板基础建模

在"项目浏览器"中，选择需要添加坡道的平面视图，双击"视图（结构专业）"➤"1. 设计"➤"平面图"➤"结构平面：－13.450m 平面图"列表项（如图 4.1-8 所示），Revit 图形区显示该视图代表的结构平面，【类型属性】对话框中显示了该结构平面视图的属性。

点击 Revit 菜单中的"结构"选项卡➤"基础"选项板➤"板"➤"结构基础-楼板"。Revit 菜单栏变为如图 4.1-9 所示界面，表示已进入筏板基础创建状态。

在属性栏，选择"基础底板"，点击"编辑类型"，如图 4.1-10 所示，在"构造"中的"结构"参数处，点击"编辑"按钮，系统弹出"编辑部件"窗口，在该窗口中选择筏板材质并填写筏板尺寸，依次点击"确定"完成筏板属性设置。

Revit 中筏板的布置与楼板布置类似，都是以筏板边线为基准，因此可以使用与楼板布置类似的方法绘制筏板边线。使用绘制功能沿竖向构件的外轮廓绘制竖向构件包络线，如图 4.1-11 中阴影灰色线条。然后，使用"修改"选项板中偏移的功能，设置筏板边外挑距离，如图 4.1-12 所示。依次点击筏板各外边线，完成筏板外挑长度的设置。点击对钩，完成边界绘制，完成筏板布置。

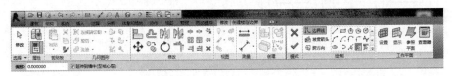

图 4.1-9　筏板基础创建状态

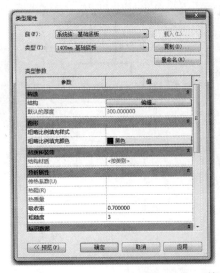

图 4.1-10　筏板基础属性编辑

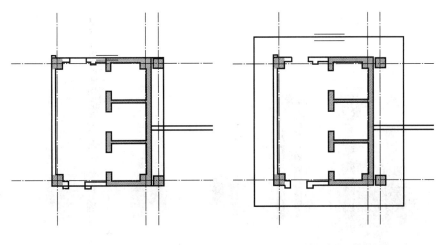

(a)沿竖向构件外围设置边线　　　　(b)设置筏板边线的外挑长度

图 4.1-11　筏板基础的边线绘制

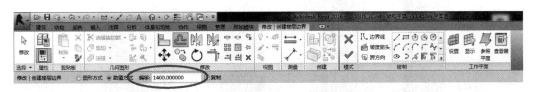

图 4.1-12　筏板基础边线的外挑设置

筏板基础的建模效果如图 4.1-13 所示。如果标高不满足要求，可以在"属性"窗口中，通过限制条件更改标高和偏移量，以调整筏板的板面标高，如图 4.1-14 所示。

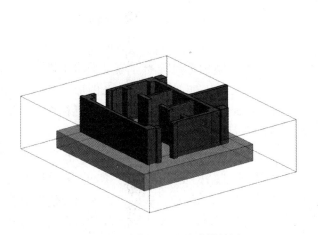

图 4.1-13　筏板基础的建模效果

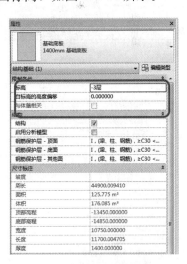

图 4.1-14　筏板基础的标高设置

4.1.3　桩基础建模

Revit 软件中自带了部分典型的桩基础，覆盖了从柱下单桩、单桩承台、双桩承台一直到九桩承台，如图 4.1-15 所示。但是，这些桩基础并不能适应实际工程的复杂多变，尤其是实际工程的承台往往具有异形、变标高、变厚度等多种复杂形式，建议采用承台和桩身分别建模的方式。

图 4.1-15　Revit 自带桩基础类型

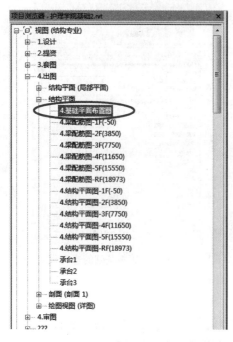

图 4.1-16　选择基础所在层的结构平面

1. 桩承台建模

在"项目浏览器"中，选择需要添加承台的平面视图，双击"视图（结构专业）"➤"4. 出图"➤"结构平面"➤"基础平面布置图"列表项（如图 4.1-16 所示），Revit 图形区显示该视图代表的结构平面，【类型属性】对话框中显示了该结构平面视图的属性。

点击 Revit 菜单中的"结构"➤"基础"➤"板"➤"结构基础-楼板"。Revit 菜单栏变为如图 4.1-17 所示界面，表示已进入承台创建状态。

在类型栏，选择"承台-800"，点击"编辑类型"，如图 4.1-18 所示，在"构造"中的"结构"参数处，点击"编辑"按钮，系统弹出"编辑部件"窗口。在该窗口中，选择承台材质并填写承台尺寸，依次点击"确定"完成承台属性设置。

Revit 中承台的布置与楼板布置类似，以承台边线为基准，这样叫以最大限度地适应不同类型的承台。以高低承台为例，首先绘制较低承台的边线，并设置承台的标高偏移，继而绘制较高承台的边线，并设置较高承台厚度＝较低承台厚度＋承台高差。分别绘制后，可以得到准确的高低承台表达，如图 4.1-19～图 4.1-22 所示。

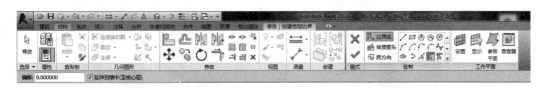

图 4.1-17　承台创建状态

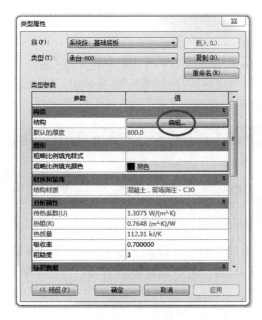

图 4.1-18　承台属性编辑

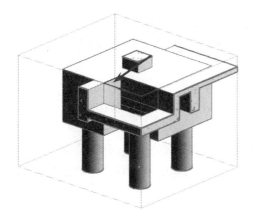

图 4.1-19　高低承台中较低承台边线的绘制　　图 4.1-20　高低承台中较低承台的标高调整

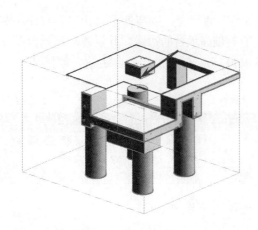

图 4.1-21　高低承台中较高承台边线的绘制

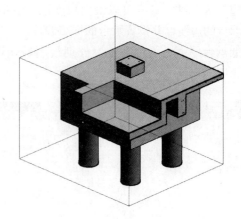

图 4.1-22　高低承台的布置效果

2. 桩身建模

在"项目浏览器"中，选择需要添加桩身的基础层的平面视图。点击 Revit 菜单中的"结构"➤"基础"➤"独立"（Revit 中，缺少桩身建模的专用功能，通常采用"独立基础"的建模模块完成）。Revit 菜单栏变为如图 4.1-23 所示界面，表示已进入桩身创建状态。

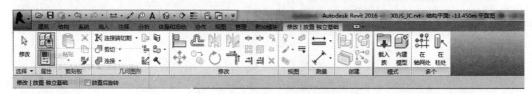

图 4.1-23　桩身创建状态

在族栏，选择"桩-混凝土圆形桩"（该族为系统族，可以直接载入），点击"编辑类型"，如图 4.1-24 所示，填写 Diameter（直径）参数，可以调整桩身直径，点击"确定"后返回。在【属性】对话框中，如图 4.1-25 所示，通过"标高"属性和"偏移量"设定桩顶标高，通过"桩长度"属性可以设定桩长。调整完后的布置效果如图 4.1-26 所示。

4.1.4　条形基础建模

Revit 提供的"条形基础"（以后简称"条基"）属于系统族，其横截面为矩形，无法满足项目的实际需要。例如条基与防水板连接处倒斜角，条基横向（或纵向）两侧基础底板标高不同等，均需要制作专门的族来解决实际问题。

因 Revit 无法创建墙下条形基础，故自建的条基族采用了两种方式创建，一类是采用"基于楼板的常规模型"族样板制作，一类采用"轮廓-主体"族样板制作。

1. 基于楼板的条基族建模

在"项目浏览器"中选择所需的条基族类型，如"条基 _ 边 _ 斜面"➤"宽 * 高 1200 * 600 60°"[①]，按住鼠标左键，将其拖拽至需要设置条基的基础板上，再通过"移动"或"对齐"等操作将其移动至准确位置，如图 4.1-27 所示。

---

① 尺寸间应为乘号×，但软件中文本多误为 * 或 x，为方便读者对照操作，保留了 * 或 x，后同——编者注。

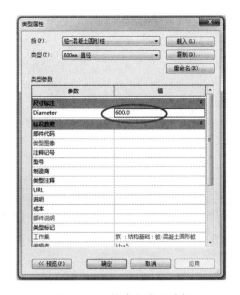 

图 4.1-24　桩身的类型编辑　　　　图 4.1-25　桩身的属性编辑

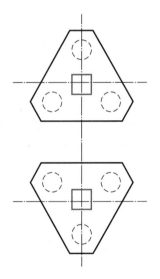 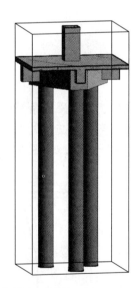

图 4.1-26　带承台的桩基础完整布置效果

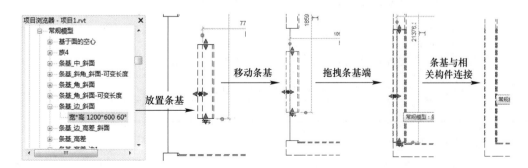

图 4.1-27　基于楼板的条基族建模步骤

2. 基于轮廓族的条基建模

底边边界处条基建模，单击 Revit 菜单中的"结构"➤"基础"➤"板"，在下拉列表中选择"楼板-楼板边"。在"类型选择器"中选择所需的条基类型，如"楼板边缘""条基 _ 边 _ 斜面""宽 * 高 1200 * 600 60°"，如图 4.1-28 所示。（若"类型选择器"中没有设计需要的条基类型，可在"项目浏览器"中添加新类型。）

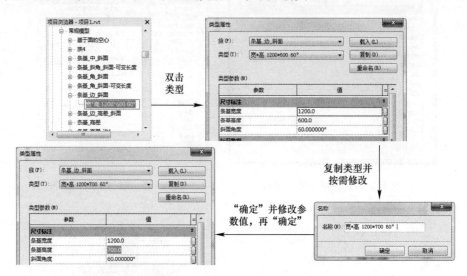

图 4.1-28　轮廓族添加类型步骤

随后，将鼠标移至需要添加条基的定位线上单击（例如底板边界），继续选择底板其他边布置条基，可见条基在交汇处可自动倒角，无须人工处理，若条基的斜边方向不对，可单击"⇕"符号进行翻转，如图 4.1-29 所示。

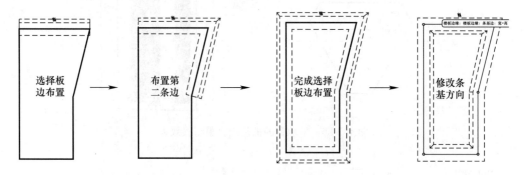

图 4.1-29　基于轮廓族的条基建模步骤

两种条基建模方案各有特点，具体优劣对比如表 4.1-1 所示。

条基基础建模方式对比　　　　　　　　　　　　　　表 4.1-1

方案	优点	缺点
基于楼板的条基族建模	可测量底板厚度，用于确定条基尺寸；可适应纵向标高的变化	适应转角的能力差
基于轮廓族的条基建模	适应转角的能力强	新建类型不如基于楼板的方法便捷

4.1.5　集水坑建模

集水坑族大部分的坑底面按斜面放坡，一方面可避免基坑土体垮塌，另一方面可减小集水坑与筏板或防水板相连部分应力集中。布置集水坑时，应根据集水坑的位置、周边情况采用适当的集水坑族。

对位于筏板或防水板中部、周边标高一致的集水坑，可采用"集水坑＿中＿斜面"族进行布置。在"项目浏览器"中，选择"常规模型""集水坑＿中＿斜面"族下的适当类型，如"宽＊长＊深 1200＊1800＊1450 60°"。按住鼠标左键，将其拖拽至需要设置集水坑的基础板上，再通过"移动"或"对齐"等操作将其移动至准确位置。

4.1.6　基础构件的连接和剪切

基础的各类构件布置完成后，各个构件间可能存在几何重叠的部分，为满足混凝土计量要求以及结构制图要求，往往还需要对相互交汇的构件进行连接或剪切，如图 4.1-30 所示。

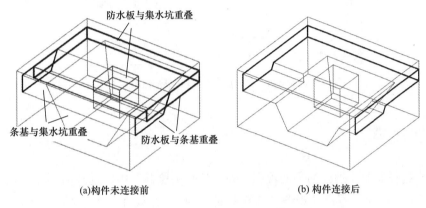

(a) 构件未连接前　　　　　　　　　　　(b) 构件连接后

图 4.1-30　基础构件的连接

同时，对构件进行合理的连接不但符合各构件的实际几何形态，还可提高可辨识度，满足设计制图要求。

1. 构件间的连接关系

Revit 在构件间进行的连接操作，是保持其中一个构件几何形态不变，剪切掉另一个构件重叠的部分。故构件间的连接是有主次关系的，如条基与集水坑连接时，应以集水坑为主、条基为次。一般情况下，应以构件底部标高较低的构件为主要构件，表 4.1-2 列出了各基础构件连接的主次关系。

基础构件连接的主次关系　　　　　　　　　　　　　　　表 4.1-2

构件类型	防水板	筏板	条基	独基	集水坑	基础轮廓
防水板	—	筏板	防水板	防水板	防水板	防水板
筏板	筏板	—	筏板	筏板	筏板	筏板
条基	防水板	筏板	—	独基	集水坑	条基
独基	防水板	筏板	独基	—	—	独基
集水坑	防水板	筏板	集水坑	—	—	集水坑
基础轮廓	防水板	筏板	条基	独基	集水坑	—

2. 构件连接

如图 4.1-31 所示，单击 Revit 菜单中的"修改"➤"几何图形"➤"连接"➤"连接几何图形"，先选择主要构件，再选择次要构件，完成后查看连接关系是否满足设计要求。若不满足，可采取"切换连接顺序"改变构件的连接主次关系。

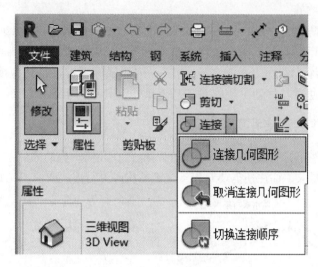

图 4.1-31　切换连接顺序操作图

4.2　柱建模

首先，选择需要添加柱的平面视图，在"项目浏览器"中，选择需要添加柱的平面视图，如图 4.2-1 所示，双击"视图（结构专业）"➤"1.设计"➤"结构平面"➤"结构平面：－5.150m 平面图"列表项，Revit 图形区显示该视图代表的结构平面，【属性】对话框中显示了该结构平面视图的属性。

如图 4.2-2 所示，点击 Revit 菜单中的"结构"➤"结构"➤"柱"，Revit 菜单栏变为如图 4.2-3 所示界面，表示已进入柱创建状态。其中各个参数（选项）含义如下：

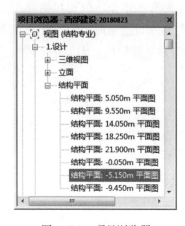

图 4.2-1　项目浏览器

图 4.2-2　插入"柱"菜单

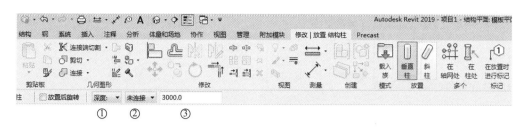

图 4.2-3　柱创建状态

① 深度/高度：Revit 提供了两种竖向定位参数——高度、深度，高度即以本层标高作为柱底标高，深度即以本层标高作为柱顶标高；

② 深度模式下为对应的底标高（可选择未连接）；高度模式下为对应的顶标高（可选择未连接）；

③ 柱高，若选择未连接则手动输入。

在【属性】对话框中选择所建柱的类型，如图 4.2-4 所示，点击类型名，弹出下拉列表，选择所需的柱类型，如图 4.2-5 所示。将鼠标移至 Revit 图形区，在柱的定位点单击鼠标左键（如图 4.2-6 所示）。

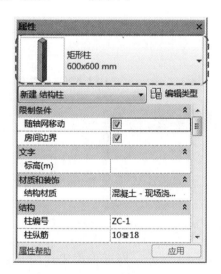

图 4.2-4　"柱"属性

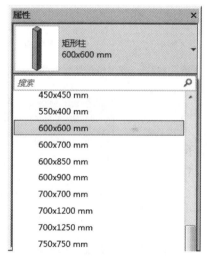

图 4.2-5　"柱"类型列表

若柱位置与实际不符，可点击 Revit 菜单中的"修改" ➤ "修改" ➤ "对齐" 图符（如图 4.2-7 所示），或通过"Move"快捷命令，对柱的定位进行编辑（如图 4.2-8 所示）。

当下拉列表中没有所需的柱类型时，可通过复制当前类型以增加新的柱类型，点击【属性】对话框中的"编辑类型"增加柱类型。如图 4.2-9 所示，点击"复制"按钮，在弹出的【名称】对话框中，输入"500x600mm"，并单击"确定"，如图 4.2-10 所示。

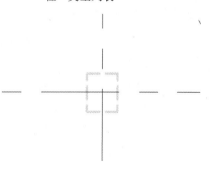

图 4.2-6　柱创建过程

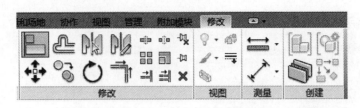

图 4.2-7 "对齐"图符菜单

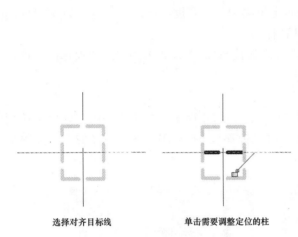

选择对齐目标线　　　　　单击需要调整定位的柱

图 4.2-8 柱定位编辑过程图

图 4.2-9 柱【类型属性】对话框

图 4.2-10 柱类型【名称】对话框

随后，回到【类型属性】对话框，如图 4.2-11 所示，对话框中出现的是新增加的"500x600mm"类型，将"B"参数修改为 500，并根据需要修改柱的其他参数后，点击"确定"，完成新加柱定义。

图 4.2-11 柱【类型属性】对话框

采用上述方法逐根创建其他柱，完成柱模型，图 4.2-12 为某项目柱建模完成后的局部三维视图。

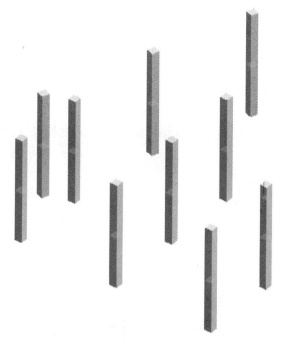

图 4.2-12　柱三维图

4.3　墙建模

首先需添加墙的平面视图，在"项目浏览器"中，选择需要添加墙的平面视图，如图 4.3-1 所示，双击"视图（结构专业）"▶"1. 设计"▶"结构平面"▶"结构平面：−5.150m 平面图"列表项，Revit 图形区显示该视图代表的结构平面，【属性】对话框中显示了该结构平面视图的属性。

如图 4.3-2 所示，点击 Revit 菜单中的"结构"▶"结构"▶"墙"，Revit 菜单栏变为如图 4.3-3 所示界面，表示已进入墙创建状态。

图 4.3-1　项目浏览器

图 4.3-2　"墙"菜单

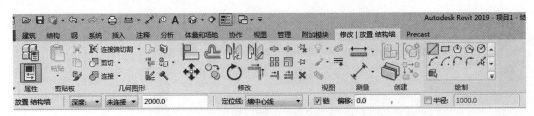

图 4.3-3 墙创建状态

其中各个参数（选项）含义如下：

① 深度/高度：深度即以本层标高作为墙顶标高；高度即以本层标高作为墙底标高；

② 深度模式下为对应的底标高（可选择未连接）；高度模式下为对应的顶标高（可选择未连接）；

③ 墙高，若选择未连接则手动输入；

④ 定位线：选择与墙定位线对齐的墙上线，墙中心线即墙定位线与墙中心线对齐；

⑤ 建好一面墙后，是否以该墙终点为起点建下一面墙；

⑥ 绘制墙定位线的偏移工具；

⑦ 两面墙体连接处是否圆角以及圆角半径。

随后，在【属性】对话框中选择所建墙的类型，点击图 4.3-4 中的虚框部分，弹出下拉列表（如图 4.3-5 所示），选择所需的墙类型。

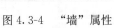
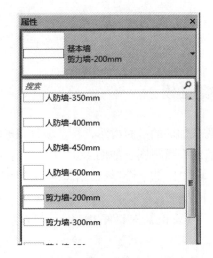

图 4.3-4 "墙"属性　　　　图 4.3-5 "墙"类型下拉列表

当下拉列表中没有所需的墙类型时，可通过点击【属性】对话框中的"编辑类型"增加墙类型，弹出的【类型属性】对话框如图 4.3-6 所示。

例如，新增"剪力墙－250mm"墙类型：点击【类型属性】对话框中的"复制"键，弹出【名称】对话框（如图 4.3-7 所示），在"名称"编辑框中输入"剪力墙－250mm"，并单击"确定"。回到【类型属性】对话框（如图 4.3-8 所示），类型下拉列表框中出现的是新增加的"剪力墙－250mm"类型，在"结构"编辑框点击编辑，进入【编辑部件】对话框（如图 4.3-9 所示），将墙厚改为 250mm 并点击"确定"，根据需要修改柱的其他参数后，再次点击"确定"。回到墙【属性】对话框（如图 4.3-4 所示），根据需要选择墙类型并修改墙的相关参数。

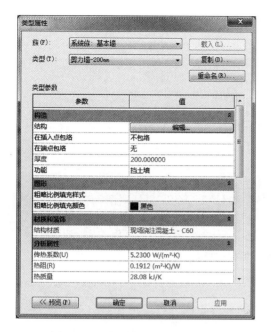

图 4.3-6　墙【类型属性】对话框

图 4.3-7　墙类型【名称】对话框

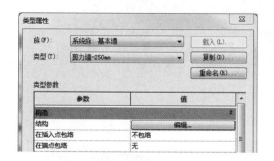

图 4.3-8　墙【类型属性】对话框

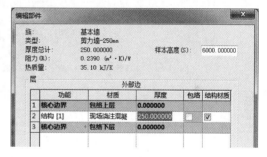

图 4.3-9　墙【编辑部件】对话框

将鼠标移至 Revit 图形区，在墙的定位线起点处单击鼠标左键，然后移动鼠标到墙的定位线终点处再次单击鼠标左键（如图 4.3-10 所示），完成墙布置。

图 4.3-10　墙创建过程图

若墙位置与实际不符，可点击 Revit 菜单中的"修改"➤"修改"➤"对齐"（如图 4.3-11 所示），或通过"Move"快捷命令以及拖动墙体端点，对墙的定位进行编辑（如图 4.3-12 所示）。

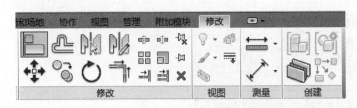

图 4.3-11　"对齐"图符菜单

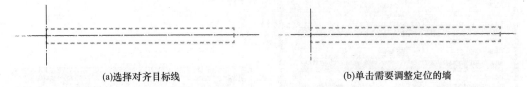

(a)选择对齐目标线　　　　　　　　　　(b)单击需要调整定位的墙

图 4.3-12　墙定位编辑过程图

　　若墙体立面形状为异形，可选中墙体后点击 Revit 菜单中的"修改｜墙"➤"模式"➤"编辑轮廓"图符（如图 4.3-13 所示），对墙的外形轮廓进行编辑（如图 4.3-14 所示）。

图 4.3-13　"轮廓编辑"图符菜单

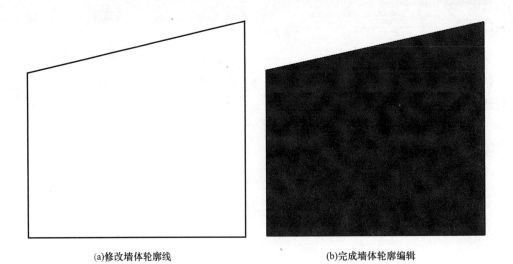

(a)修改墙体轮廓线　　　　　　　　　　(b)完成墙体轮廓编辑

图 4.3-14　墙轮廓编辑过程图

　　用相同的方法继续创建其他墙，完成墙模型。图 4.3-15 为某项目墙建模完成后的局部三维视图。

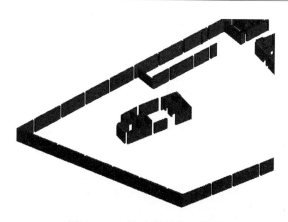

图 4.3-15　墙建模后的三维图

4.4　梁建模

在"项目浏览器"中，选择需要添加梁的平面视图，如图 4.4-1 所示，双击"视图（结构专业）"➤"1. 设计"➤"结构平面"➤"结构平面：—5.150m 平面图"列表项，Revit 图形区显示该视图代表的结构平面，【属性】对话框中显示了该结构平面视图的属性。

如图 4.4-2 所示，点击 Revit 菜单中的"结构"➤"结构"➤"梁"，Revit 菜单栏变为如图 4.4-3 所示界面，表示已进入梁创建状态。其中，Revit 提供了按标高选择的放置平面，创建的梁构件将以选定的放置平面标高作为基准标高。随后，可进一步选择梁类型，在【属性】对话框中选择所建梁的类型，点击图 4.4-4 中的虚框部分，弹出下拉列表，如图 4.4-5 所示，选择所需的梁类型。

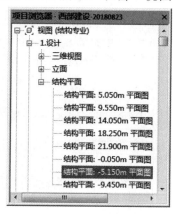

图 4.4-1　项目浏览器

图 4.4-2　"梁"菜单

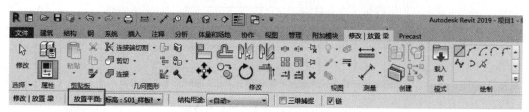

图 4.4-3　梁创建状态

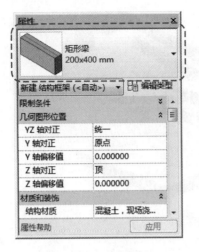

图 4.4-4　"梁"属性

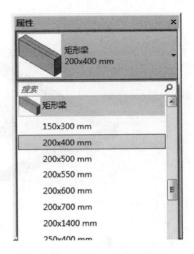

图 4.4-5　"梁"类型下拉列表

当下拉列表中没有所需的梁类型时，可通过点击【属性】对话框中的"编辑类型"增加梁类型，弹出的【类型属性】对话框如图 4.4-6 所示。

图 4.4-6　梁【类型属性】对话框

例如新增"200x450mm"梁类型：点击"类型属性"对话框中的"复制"键，弹出【名称】对话框（如图 4.4-7 所示），在"名称"编辑框中输入"200x450mm"，并单击"确定"。回到【类型属性】对话框（如图 4.4-8 所示），类型下拉列表框中出现的是新增加的"200x450mm"类型，将"H"参数修改为450，并根据需要修改梁的其他参数后，点击"确定"。回到梁【属性】对话框（如图 4.4-4 所示），根据需要选择梁类型并修改梁的相关参数。

在梁类型设置完成后，可开始绘制梁，将鼠标移至 Revit 图形区，在梁的定位线起点处单击鼠标左键，然后移动鼠标到梁的

图 4.4-7　梁类型【名称】对话框

定位线终点处再次单击鼠标左键（如图 4.4-9 所示）。

图 4.4-8　梁【类型属性】对话框

图 4.4-9　梁创建过程图

若梁位置与实际不符，可点击 Revit 菜单中"修改"➤"修改"➤"对齐"（如图 4.4-10 所示），或通过"Move"快捷命令以及拖动梁端点，对梁的定位进行编辑（如图 4.4-11 所示）。

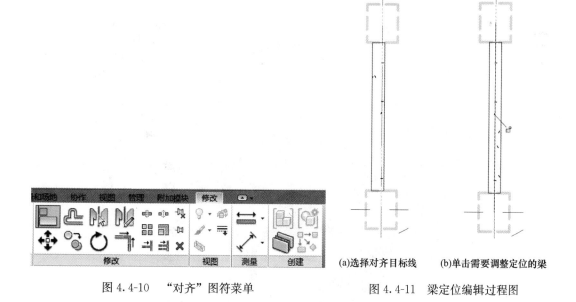

图 4.4-10　"对齐"图符菜单

图 4.4-11　梁定位编辑过程图

若梁为斜梁，可以通过设置梁实例参数中的起、终点标高偏移来完成（如图 4.4-12 所示）；对于不同截面形式的梁，则需要通过创建不同截面的梁族来实现（如图 4.4-13 所示）。

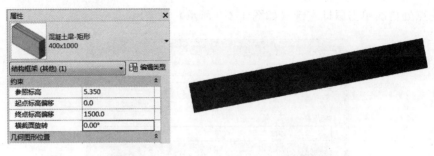

(a)梁起点、终点标高偏移　　　　　　　　　　　　(b)斜梁实例

图 4.4-12　梁定位编辑过程图

图 4.4-13　变截面梁示意

　　用相同的方法创建其他梁，完成梁模型。图 4.4-14 为某项目梁建模完成后的局部三维视图。

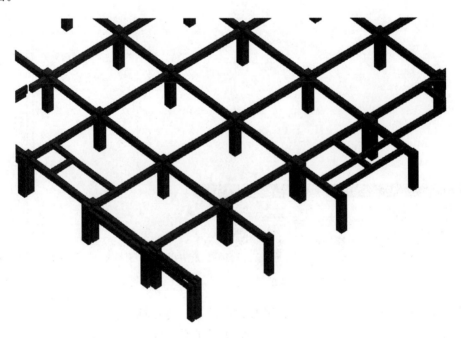

图 4.4-14　梁建模后局部三维图

4.5　楼板建模

在"项目浏览器"中,选择需要添加楼板的平面视图,如图 4.5-1 所示,双击"视图(结构专业)"➤"1. 设计"➤"结构平面"➤"结构平面:－5.150m 平面图"列表项,Revit 图形区显示该视图代表的结构平面,【属性】对话框中显示了该结构平面视图的属性。

如图 4.5-2 所示,点击 Revit 菜单中的"结构"➤"结构"➤"楼板",Revit 菜单栏变为如图 4.5-3 所示界面,表示已进入楼板创建状态。在菜单中选择按标高选择的放置平面(如图 4.5-3 所示)。在【属性】对话框中选择所建楼板的类型,点击图 4.5-4 中的虚框部分,弹出下拉列表(如图 4.5-5 所示),选择所需的楼板类型。

图 4.5-1　项目浏览器

图 4.5-2　"楼板"菜单

图 4.5-3　楼板创建状态

图 4.5-4　"楼板"属性

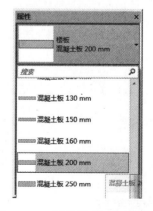

图 4.5-5　"楼板"类型下拉列表

当下拉列表中没有所需的楼板类型时,可通过点击【属性】对话框中的"编辑类型"增加楼板类型,弹出的【类型属性】对话框如图 4.5-6 所示。

例如新增"混凝土板 180mm"楼板类型:点击【类型属性】对话框中的"复制"键,弹出【名称】对话框(如图 4.5-7 所示),在"名称"编辑框中输入"混凝土板 180mm",并单击"确定"。回到【类型属性】对话框(如图 4.5-8 所示),类型下拉列表框中出现的是新增加的"混凝土板 180mm"类型,在"结构"编辑框点击"编辑",进入【编辑部件】对话框(如图 4.5-9 所示),将板厚改为 180mm 并点击"确定",并根据需要修改楼板的其他参数后,再次点击"确定"。回到楼板【属性】对话框(如图 4.5-4 所示),根据需要选择楼板类型并修改楼板的相关参数。

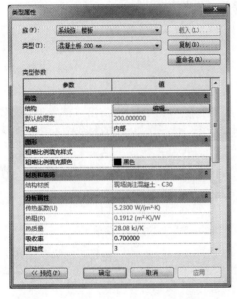

图 4.5-6　楼板【类型属性】对话框

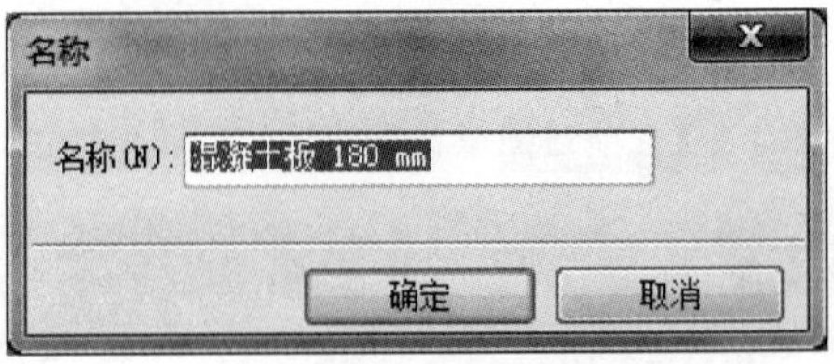

图 4.5-7　楼板类型【名称】对话框

图 4.5-8　楼板【类型属性】对话框

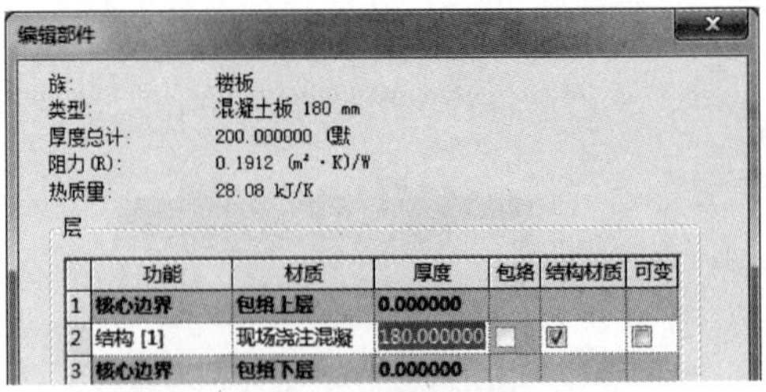

图 4.5-9　楼板【编辑部件】对话框

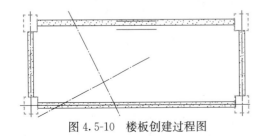

图 4.5-10　楼板创建过程图

在楼板类型设置完成后,可以绘制楼板,将鼠标移至 Revit 图形区,绘制楼板边界(如图 4.5-10 所示)。

若楼板位置与实际不符,可点击 Revit 菜单中的"修改"➤"修改"➤"对齐"图符(如图 4.5-11 所示),对楼板的定位进行编辑

（如图 4.5-12 所示）。

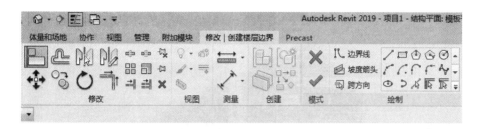

图 4.5-11　"对齐"图符菜单

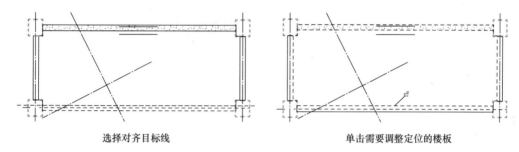

选择对齐目标线　　　　　　　　　　　　　单击需要调整定位的楼板

图 4.5-12　楼板定位编辑过程图

　　若楼板为斜板，可选中楼板，点击 Revit 菜单中的"修改｜楼板"➤"模式"➤"修改子图元"图符（如图 4.5-13 所示），点击需要修改标高的端点，输入相对应的楼板相对标高，对楼板的端点标高进行编辑（如图 4.5-14 所示）。

图 4.5-13　"修改子图元"图符菜单

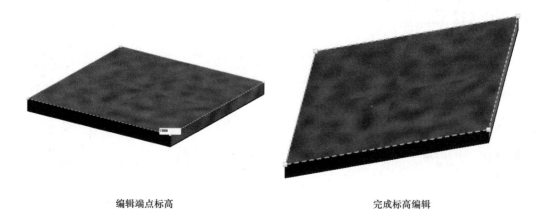

编辑端点标高　　　　　　　　　　　　　　完成标高编辑

图 4.5-14　楼板端点标高编辑过程图

用相同的方法创建其他楼板，完成楼板模型。图 4.5-15 为某项目楼板建模完成后的局部三维视图。

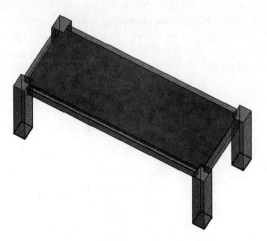

图 4.5-15　楼板建模后局部三维图

4.6　楼梯建模

在"项目浏览器"中，选择需要添加楼梯的平面视图，如图 4.6-1 所示，点击"视图（结构专业）"➤"1. 设计"➤"结构平面"➤"结构平面：－5.150m 平面图"列表项，Revit 图形区将显示该视图代表的结构平面，【属性】对话框中显示该结构平面视图的属性。单击 Revit 菜单中的"建筑"➤"楼梯坡道"➤"楼梯"（如图 4.6-2 所示），Revit 菜单栏变为如图 4.6-3 所示界面，表示已进入楼梯创建状态。

图 4.6-1　项目浏览器

图 4.6-2　"楼梯"菜单

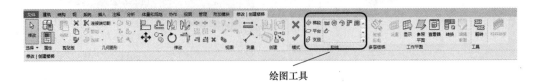

绘图工具

图 4.6-3　楼梯创建状态

随后，在【属性】对话框中选择所建楼梯的类型，单击图 4.6-4 中的虚框部分，弹出下拉列表（如图 4.6-5 所示），选择所需的楼梯类型。

图 4.6-4　"楼梯"属性　　　　　　图 4.6-5　"楼梯"类型下拉列表

当下拉列表中没有所需的楼梯类型时，可通过点击【属性】对话框中的"编辑类型"增加楼梯类型，弹出的【类型属性】对话框如图 4.6-6 所示。

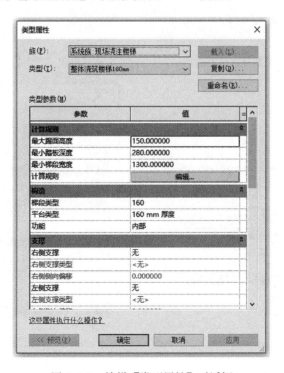

图 4.6-6　楼梯【类型属性】对话框

例如新增"整体浇筑楼梯 200mm"楼梯类型，操作如下：点击【类型属性】对话框中的"复制"键，弹出【名称】对话框（如图 4.6-7 所示），在"名称"中输入"整体浇筑楼梯 200mm"，并单击"确定"。回到【类型属性】对话框（如图 4.6-8 所示），类型下拉列表框中出现的是新增加的"整体浇筑楼梯 200mm"类型，在"构造"编辑框点击"梯段类型"对话框末尾标识，进入【梯段类型】编辑对话框（如图 4.6-9～图 4.6-11 所示），复制新的"梯段类型"，并将梯段板厚改为 200mm，点击"确定"。与"梯段类型"的创建相同，复制创建新的"平台类型"并修改平台板厚为 200mm（如图 4.6-12、图 4.6-13 所示）。根据需要修改楼梯的其他参数后，再次点击"确定"，完成新的现浇楼梯类型的创建。

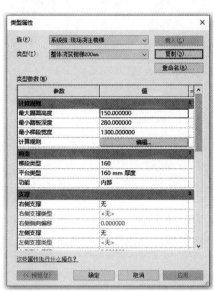

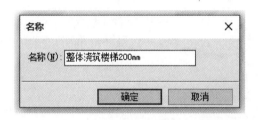

图 4.6-7　楼梯类型【名称】对话框　　　图 4.6-8　楼梯【类型属性】对话框

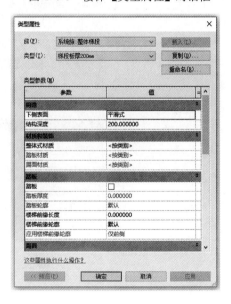

图 4.6-9　梯段【编辑部件】对话框　　　图 4.6-10　梯段【类型属性】对话框

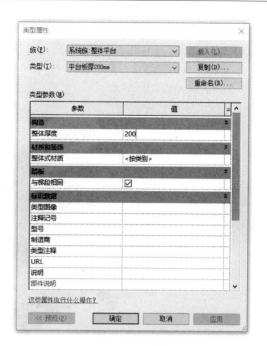

图 4.6-11　梯段类型【名称】对话框　　　　图 4.6-12　平台板【类型属性】对话框

图 4.6-13　平台类型【名称】对话框

将鼠标移至 Revit 图形区开始绘制楼梯（如图 4.6-14 所示）。

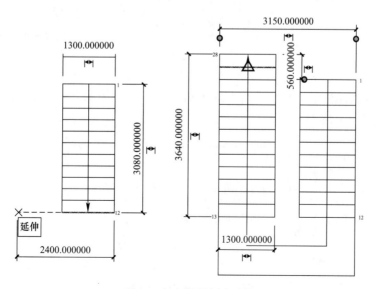

图 4.6-14　楼梯创建过程

Revit 中，楼梯间中各结构构件可分别单独建立，也可将梯段板和平台板同时建立。通常，为了便于建立楼梯板明细表，采用各结构构件单独建立的方式。分别用创建梁、柱的方式创梯梁和梯柱，完成整个楼梯间结构构件的创建。图 4.6-15 为某项目板式楼梯建模完成后的局部三维视图。

图 4.6-15　楼梯间三维视图

通常，为了项目中标准层楼梯间建模和修改方便，可采用 Revit 中的"组"功能将楼梯间所有构件进行成组，类似于 AutoCAD 中模块的概念，当对一"组"的构件进行修改时，会同步作用该项目中其他所有的"组"中。选中标准层楼梯间中所有结构构件，如图 4.6-16 所示，点击 Revit 菜单中的"修改"➤"创建"➤"创建组"，建立标准层楼梯间组。

图 4.6-16　"创建组"功能

在弹出的【创建模型组】对话框中输入组的名称（如图 4.6-17 所示），点击"确定"完成创建（如图 4.6-18 所示）。

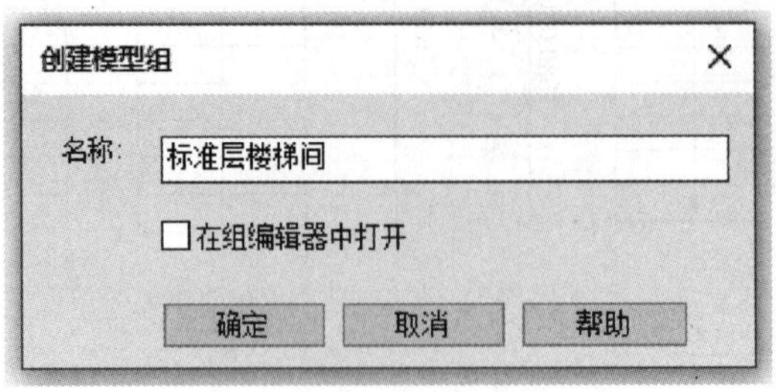

图 4.6-17　修改组名称

在实际项目设计时，可继续通过复制和"与选定的标高对齐"粘贴功能（如图 4.6-19 所示），将标准层楼梯间组复制到其他标准层，提高楼梯建模效率。

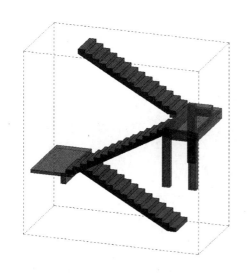

图 4.6-18 标准层楼梯间组示例　　图 4.6-19 "与选定的标高对齐"粘贴功能

4.7 坡道建模

4.7.1 添加坡道板

在"项目浏览器"中，选择需要添加坡道的平面视图，如图 4.7-1 所示，双击"视图（结构专业）"➤"1. 设计"➤"结构平面"➤"结构平面：－5.050m-B1"列表项，Revit 图形区显示该视图代表的结构平面，【属性】对话框中显示了该结构平面视图的属性。

如图 4.7-2 所示，点击 Revit 菜单中的"建筑"➤"楼梯坡道"➤"坡道"，Revit 菜单栏变为如图 4.7-3 所示界面，表示已进入坡道创建状态。Revit 提供了两种坡道形状——直线、圆弧，这里选择"直线"形状。

在【属性】对话框中选择所建坡道的类型，点击图 4.7-4 中的虚框部分，弹出下拉列表（如图 4.7-5 所示），选择所需的坡道类型。

当下拉列表中没有所需的坡道类型时，可通过点击【属性】对话框中的"编辑类型"增加坡道类型，弹出的【类型属性】对话框如图 4.7-6 所示。

例如新增"坡道 120mm"坡道类型，操作如下：点击【类型属性】对话框中的"复制"键，弹出【名称】对话框（如图 4.7-7 所示），在"名称"编辑框中输入"坡道 120mm"，

图 4.7-1 项目浏览器

图 4.7-2 "坡道"菜单

图 4.7-3 "坡道"菜单

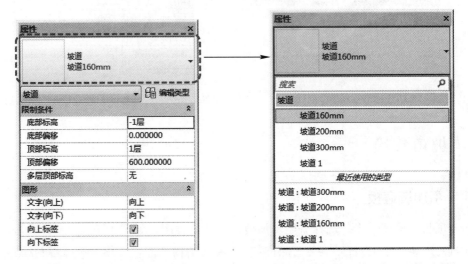

图 4.7-4 "坡道"属性   图 4.7-5 "坡道"类型下拉列表

图 4.7-6 坡道【类型属性】对话框

并单击"确定"。回到【类型属性】对话框（如图 4.7-8 所示），类型下拉列表框中出现的是新增加的"坡道 120mm"类型，将"厚度"参数修改为 120，并根据需要修改坡道的其他参数后，点击"确定"。回到坡道【属性】对话框（如图 4.7-4 所示），根据需要修改坡道的相关参数。

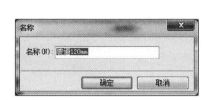 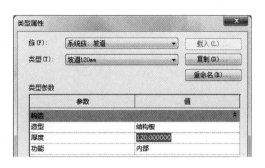

图 4.7-7　坡道类型【名称】对话框　　　图 4.7-8　坡道【类型属性】对话框

将鼠标移至 Revit 图形区，在坡道的起点、终点分别单击鼠标左键（如图 4.7-9 所示）。

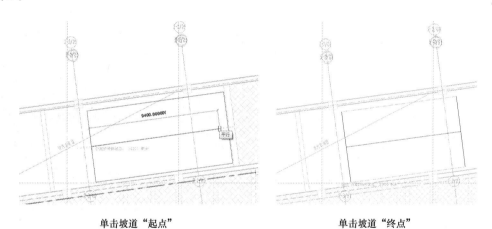

单击坡道"起点"　　　　　　　　　　　单击坡道"终点"

图 4.7-9　坡道创建过程图

若坡道宽度或位置与实际不符，可点击 Revit 菜单中的"修改｜创建坡道草图" ➤ "修改" ➤ "对齐"（如图 4.7-10 所示），对坡道的定位进行编辑（如图 4.7-11、图 4.7-12 所示）。

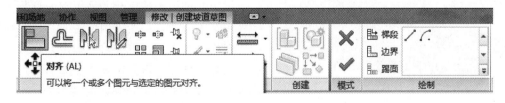

图 4.7-10　"对齐"图符菜单

绘制、编辑完成后，点击"完成"图符，完成坡道的创建操作。当出现如图 4.7-13

所示的错误信息时可忽略，点击"删除图元"即可。

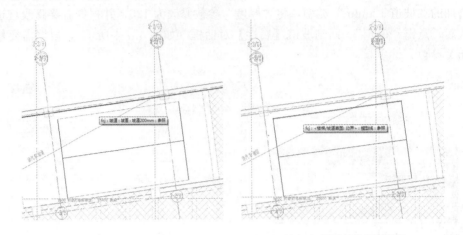

选择对齐目标线 | 单击需要调整定位的坡道线

图 4.7-11　坡道定位编辑过程图

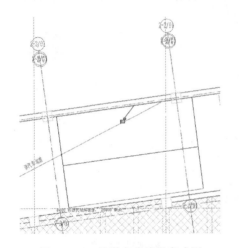

图 4.7-12　坡道定位编辑完成图

图 4.7-13　错误提示信息

用相同的方法继续创建其他坡道板，完成坡道模型创建。图 4.7-14 为某项目坡道建模完成后的局部三维视图。

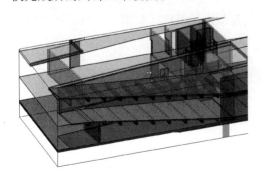

图 4.7-14　坡道三维图

4.7.2　绘制坡道回填段

坡道起坡段因坡度缓，采用钢筋混凝土结构板施工不方便，一般采用炉渣或其他材料回填。建模时应根据建筑要求，确定起步段的构成、尺寸和坡度。例如，某项目弧形坡道，起步开始首段弧长 3600mm，坡度为 6%，第二段弧形段坡度为 12%，然后与直段连接，连接处应保证两者的标高一致。为满足上述要求，可按以下步骤操作：

（1）测量回填区坡道总高度 H_t 和车道中线的半径 R。

（2）计算起步开始首段 3600mm 弧长、坡度 6% 的高度 $H_1 = 3600 \times 6\% = 218$mm。

（3）计算第二段弧形段所需的高度 $H_2 = H_t - H_1$。

（4）计算第二段弧形段所需的弧长 $S_2 = \dfrac{H_2}{12\%}$。

（5）计算第一、二段的圆心角：

$$\alpha_1 = 3600 \times 180 / \pi \times R$$

$$\alpha_2 = S_2 \times 180 / \pi \times R$$

（6）根据以上数据绘制弧形坡道平面轮廓，如图 4.7-15 所示。

（7）创建坡道板：单击 Revit 菜单中的"结构"➤"楼板"➤"结构板"，在【属性】对话框中单击"编辑类型"，弹出【类型属性】对话框，如图 4.7-16 所示。

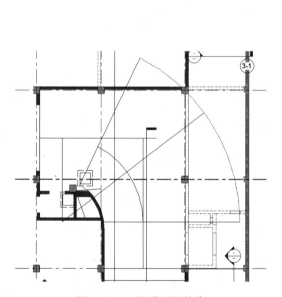

图 4.7-15　坡道平面轮廓

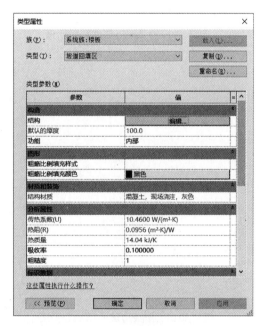

图 4.7-16　【类型属性】对话框

（8）单击"类型参数"列表中"结构"参数栏的"编辑"按钮，弹出【编辑部件】对话框，如图 4.7-17 所示。

（9）勾选"结构［1］"栏右端的"可变"，厚度修改为 100，然后单击"确定"，回到【类型属性】对话框，单击"确定"；在【属性】对话框中设置坡道板所在标高，按上述轮廓创建板，完成后单击"确定"，如图 4.7-18 所示。

（10）选择该楼板，单击"修改｜楼板"➤"添加分割线"，在楼板边坡处添加分割线，如图 4.7-19 所示。

（11）单击"修改｜楼板"➤"修改子图元"，选择坡道起坡线及各变坡线，修改其相对高度，如图 4.7-20 所示。

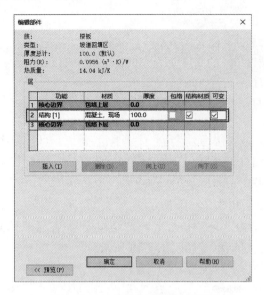

图 4.7-17　【编辑部件】对话框

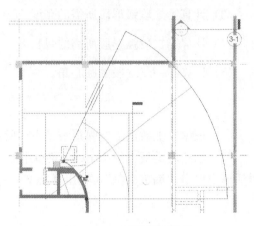

图 4.7-18　坡道平面轮廓

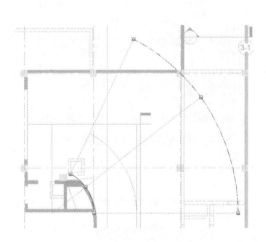

图 4.7-19　楼板边坡处添加分割线

图 4.7-20　修改坡道子图元

（12）单击"结构"➤"构件"➤"内建模型"，在弹出的【族类别和族参数】对话框中选择"常规模型"，单击"确定"。继续在【名称】对话框中，单击"确定"按钮，如图 4.7-21 所示。

（13）在"创建"➤"形状"➤"空心形状"下拉列表中选择"空心拉伸"，在"修改｜创建空心拉伸"➤"绘制"区选择合适的工具绘制空心轮廓，绘制时可以裁剪掉多余坡道的区域，如图 4.7-22 所示。

（14）完成后单击"✔"图符完成空心形状建模，单击 Revit 菜单中的"修改｜创建空心拉伸"➤"几何图形"➤"剪切"，分别选择坡道板和空心形状，坡道平面的多余部分将被剪切掉，完成后单击"✔"图符完成坡道形状的平面形状剪切。因为坡道设置了板厚，还需要对板厚部分进行剪切，可继续创建空心形状对坡道板进行剪切，方法类似，不再赘述。完成后的不规则弧形坡道回填区如图 4.7-23 所示。

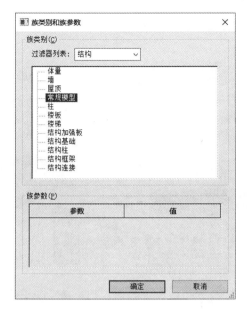

图 4.7-21　【族类别和族参数】对话框

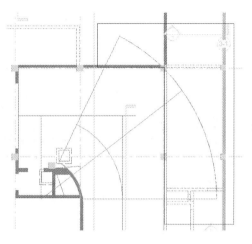

图 4.7-22　采用空心轮廓去掉多余坡道区域

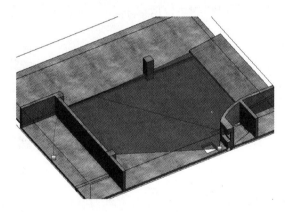

图 4.7-23　坡道回填三维模型

4.7.3　绘制坡道梁

梁的建模方法详见 4.4 节，这里仅补充梁标高的确定方法。单击 Revit 菜单中的"视图"➤"剖面"，在平面视图中指定剖切位置同时设置好视图深度，完成剖面符号的放置，选中已设置好的"剖面"符号，鼠标点击右键选择"转到视图"，程序将自动切换到该剖面符号对应的剖面视图，如图 4.7-24 所示。可以看到，坡道梁平面建模完成后，一般情况下其标高定位是不准确的，可采用下述方法对坡道梁的标高进行精确定位。

（1）方案 1：绘制辅助线

单击 Revit 菜单中的"注释"➤"详图"➤"详图线"

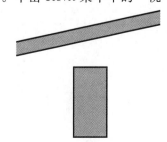

图 4.7-24　坡道剖面图

（如图 4.7-25 所示）。按图 4.7-26 示意绘制辅助线。选中要调整标高的梁，单击 Revit 菜单中的"修改 | 结构框架"➤"修改"➤"✛"（如图 4.7-27 所示）。在 Revit 图形区单击坡道梁移动的起点和终点（如图 4.7-28 所示）。

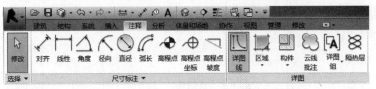

图 4.7-25　"详图线"图符菜单

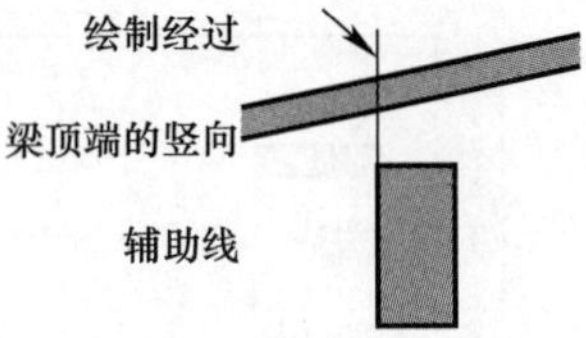

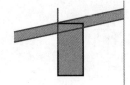

图 4.7-26　绘制辅助线

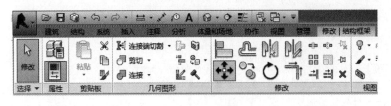

图 4.7-27　"移动"图符菜单

图 4.7-28　移动坡道梁

（2）方案 2：多次挪动

如图 4.7-29 所示，通过多次移动定位坡道梁。

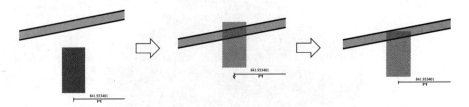

图 4.7-29　坡道梁移动步骤示意图

4.8　其他结构构件建模

4.8.1　可由简单族组成的构件建模

女儿墙、空调挂板、飘窗等简单的结构构件，可以通过已经介绍过的梁、板、墙等构件组合而成。建模时，首先对构件进行组成分析，如图 4.8-1～图 4.8-3 所示。再使用本章之前介绍的建模方法分别建模，组成目标结构构件。

图 4.8-1　女儿墙　　　　　图 4.8-2　空调挂板　　　　　图 4.8-3　飘窗

4.8.2　其他复杂结构构件建模

　　复杂结构构件建模，可以使用"内建模型"功能或在新创建的族文件（.rfa）中进行，两者建模的方式方法基本相同，都是通过"拉伸""融合""旋转""放样""放样融合""空心形状"等操作创建几何图元进行拼接，组成目标结构构件。相比于后者，"内建模型"功能的优势在于，可直接在当前项目目标位置处建模，定位容易，简便、快捷。但是，由此创建的构件模型无法像族文件一样通用于多个项目，可视具体情况选择使用。

第 5 章

初步设计 5

初步设计是各专业展示设计意图，项目各方进行沟通协调，对设计总体效果进行评价的依据，通过初步设计阶段的成果评价和定案，为下一步进行施工图设计打下良好基础，避免因设计不合理或缺乏阶段性沟通协调导致反复修改。结构初步设计模型主要反映结构的整体布置，基础选型，各主要结构构件的尺寸和位置等。本章介绍结构初步设计模型和各类视图的制作技巧，以及三维视图在结构初步设计图中的应用。

5.1 基础平面布置图

初步设计中的基础图主要由基础平面布置图组成。

独立基础平面图主要由独立基础、基础标记、基础尺寸标注和独立基础详表四项图纸内容构成。

独立基础模型如图 5.1-1 所示，独立基础平面示例图如图 5.1-2 所示。

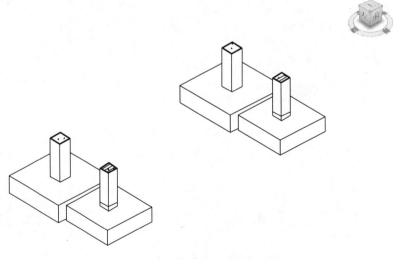

图 5.1-1 独立基础模型示意图

其中，独立基础采用"CSWADI 独立基础"族建模。该基础族自带基础编号属性，填入基础编号后，对相应的独立基础添加"CSWADI 基础标记"。该标记族将自动读取对应基础的编号信息，从而实现基础编号的自动标注，如图 5.1-3、图 5.1-4 所示，该族可通过控制引线实现独立基础内部标注或者独立基础外部标注，以适应独立基础平面图的图面表达需要。独立基础的尺寸标注需表达独立基础与轴线的定位关系，采用系统的尺寸标注即可。

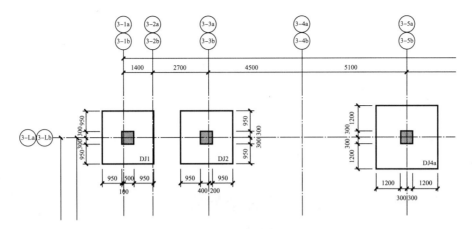

图 5.1-2　独立基础平面示例图

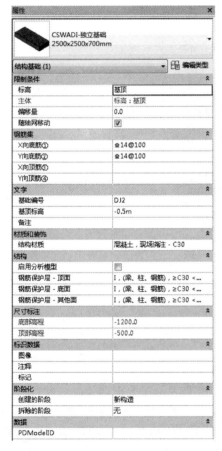

图 5.1-3　CSWADI 独立基础属性

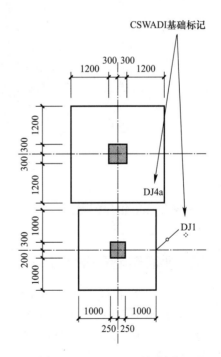

图 5.1-4　CSWADI 基础标记

独立基础详表用以表达独立基础的尺寸、配筋及标高信息，由于采用了自定义独立基础族，族属性内已预置以上信息，在建模时只需填入对应数据，即可对应生成明细表，如图 5.1-5 所示。明细表的列表项由用户指定，具体内容程序自动统计，插入图纸后即形成独立基础详表，如图 5.1-6 所示。

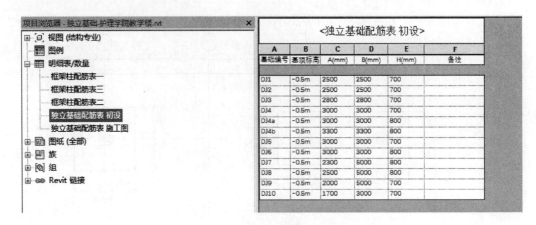

图 5.1-5　CSWADI 独立基础明细表

独立基础配筋表 初设					
基础编号	基顶标高	A(mm)	B(mm)	H(mm)	备注
DJ1	−0.5m	2500	2500	700	
DJ2	−0.5m	2500	2500	700	
DJ3	−0.5m	2800	2800	700	
DJ4	−0.5m	3000	3000	700	
DJ4a	−0.5m	3000	3000	800	
DJ4b	−0.5m	3300	3300	800	
DJ5	−0.5m	3000	3000	700	
DJ6	−0.5m	3000	3000	800	
DJ7	−0.5m	2300	5000	800	
DJ8	−0.5m	2500	5000	800	
DJ9	−0.5m	2000	5000	700	
DJ10	−0.5m	1700	3000	700	

图 5.1-6　CSWADI 独立基础详表

5.2　结构平面布置图

5.2.1　结构平面布置图的构成

　　与 CAD 二维设计相同，初步设计的结构平面布置图需要标注梁、柱截面尺寸与定位信息等。在 BIM 结构正向设计中，目前依然是在计算软件中完成结构布置与计算分析，再将计算模型导入 Revit 中形成 BIM 模型，投影生成结构平面布置图，然后进行构件截面尺寸定位与标注等。

5.2.2　导入计算模型

　　在计算软件完成结构布置与计算，将计算模型导入 Revit。目前，常用的模型导入软件有 EasyBIM、PDST、探索者、盈建科等，导入后的模型如图 5.2-1 所示。

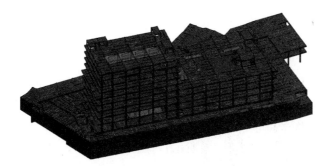

图 5.2-1　导入的计算模型

5.2.3　创建各标高平面视图

直接从计算软件导入的模型有结构标高信息，但缺少与结构标高相对应的平面视图。点击 Revit 菜单中的"视图"➤"创建"➤"平面视图"➤"结构平面"（如图 5.2-2 所示）。弹出【新建结构平面】对话框，选择需要建立的结构平面标高（如图 5.2-3 所示），点击"确定"，得到各标高的结构平面视图，在"项目浏览器"中双击任一结构标高视图进入该视图，本例选择"－标高 0.050"（如图 5.2-4 所示）。

图 5.2-2　"结构平面"菜单

图 5.2-3　【新建结构平面】对话框

图 5.2-4　各标高结构平面视图

5.2.4　截面标记

1. 梁截面标记

点击 Revit 菜单中的"注释"➤"标记"➤"全部标记"（如图 5.2-5 所示）。弹出
【标记所有未标记的对象】对话框，选择"结构框架标记"中的"S_梁类型名称"，勾选
"引线"可以用引线长度来批量设置标记与梁中心的距离，也可不勾选"引线"进行手动
调整，此处不勾选"引线"（如图 5.2-6 所示），点击"确定"，生成梁截面标记如图 5.2-7
所示。

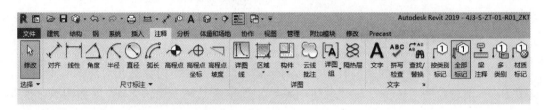

图 5.2-5　"全部标记"菜单

图 5.2-6　【标记所有未标记的对象】对话框

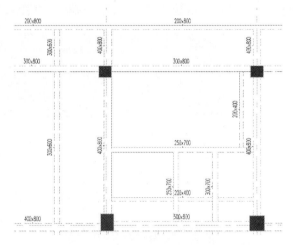

图 5.2-7　"梁截面标记"示意

2. 梁截面标记调整

右键单击任一梁截面标注➤"选择全部实例"➤"在视图中可见"，选中所有梁截面
标记（如图 5.2-8 所示，在选项栏中取消勾选引线，并通过鼠标左键拖动调整梁截面标记
到合适的位置，完成梁截面标记（如图 5.2-9 所示）。

3. 柱截面标记

点击 Revit 菜单中的"注释"➤"标记"➤"全部标记"（如图 5.2-10 所示）。弹出
【标记所有未标记的对象】对话框，选择"结构柱标记"中的"S_柱类型标记_无引线"，
不勾选"引线"（如图 5.2-11 所示），点击"确定"，生成柱截面标记如图 5.2-12 所示。

4. 标记内容说明

截面标记的数据来源于梁、柱的类型名称，在 BIM 建模过程中，梁、柱类型名称一般会
以截面尺寸命名，如"300x700mm"。若初设图上想去掉单位，直接修改族类型名称即可。

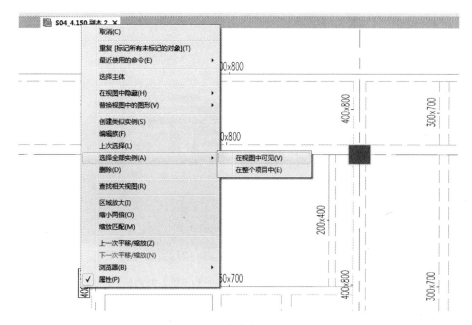

图 5.2-8　选中全部梁截面标记

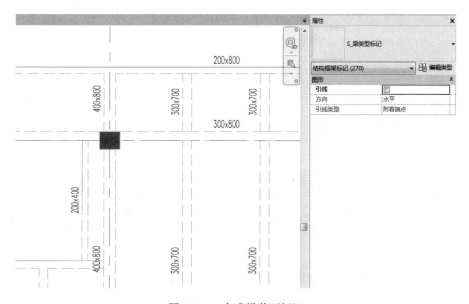

图 5.2-9　完成梁截面标记

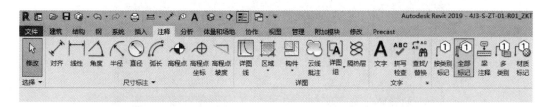

图 5.2-10　"全部标记"菜单

图 5.2-11　【标记所有未标记的对象】对话框

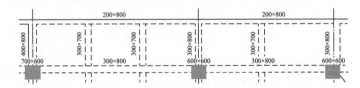

图 5.2-12　"柱截面标记"示意

5.2.5　构件定位

1. 选择"对齐"标注

点击 Revit 菜单中的"注释"➤"尺寸标注"➤"对齐"（如图 5.2-13 所示）。Revit 菜单栏变为如图 5.2-14 所示界面，表示已进入尺寸标注状态。

图 5.2-13　"对齐"菜单

图 5.2-14　尺寸标注状态

2. 选择标注样式

在【属性】对话框中选择标注样式,点击图 5.2-15 中的虚框部分,弹出下拉列表(如图 5.2-16 所示),选择"CSWADI-DIM"。

图 5.2-15 尺寸样式【属性】对话框

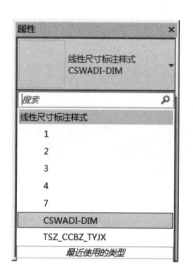

图 5.2-16 尺寸样式下拉列表

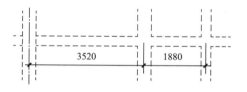

图 5.2-17 构件定位标注

3. 构件定位标注

将鼠标移至 Revit 图形区,在构件或轴线上单击鼠标左键进行构件定位标注,标注可连续进行,单击空白处结束标注(如图 5.2-17 所示)。

5.3 结构体系三维示意图

相比 CAD 二维设计,三维示意图是 BIM 正向设计的巨大优势之一,通过建立的三维模型,可以直接获取三维轴测图,不仅提前预见了设计中可能存在的几何问题,而且更加直观、准确地传递出设计师的设计意图。

通过正向设计建模后,可以得到精确的结构三维模型,见图 5.3-1。

基于三维模型,我们在出二维图的同时,可以增加三维大样图与三维示意图来帮助我们更为准确地表达设计意图。

1. 整体结构三维示意图

通过出整体结构三维示意图,可以充分表达出整体结构设计意图,展现出最主要的结构组成以及整体结构标高关系,如图 5.3-2 所示。

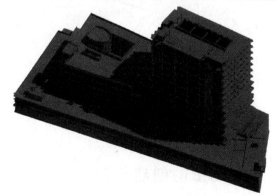

图 5.3-1 结构三维模型

2. 局部结构三维表达图

为了更直观反映局部结构造型，形成区别于传统的二维表达图，可以采用局部结构三维表达图。通过局部结构三维表达图，采用填充板不填充梁的方法，可以清楚地表达出局部结构较为复杂的构造，如图 5.3-3 所示。

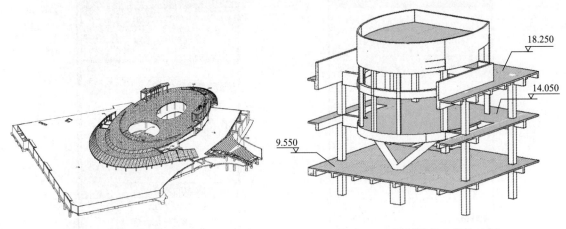

图 5.3-2　整体结构三维示意图　　　　　图 5.3-3　局部结构三维表达图

3. 结构三维标高详图

对于高差较为复杂的结构，通过结构三维标高详图，采用消隐线的表达方式，详细注明各处标高，可以清楚地表达出设计意图，如图 5.3-4 所示。

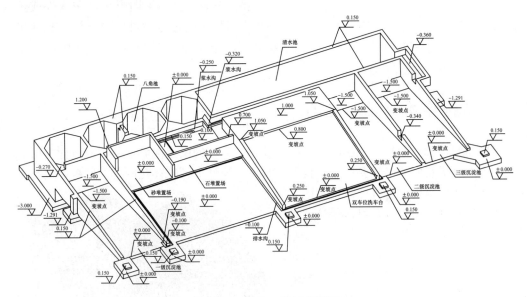

图 5.3-4　结构三维标高详图

5.4　图纸的创建与打印

初设图纸的创建与打印和施工图纸类似，详见 6.10 节。

结构施工图是施工准备、深化施工图、招标、加工制作、现场施工的依据，施工图的质量对建设项目的最终质量有重要的影响。毋庸置疑，可视化结构模型和 BIM 正向设计成果可大幅改善项目各参与方的体验，降低沟通协调成本，提升数字化协作效率。本章介绍结构施工图设计常见图纸的设计制作技巧，也提出了部分常见问题的解决思路。

6.1 基础平面布置图

常见的结构基础图由基础平面布置图和基础大样图组成，本节分别讲述独立基础、筏板基础和桩基础的平面布置图。

6.1.1 独立基础平面图

独立基础平面图设计与初设阶段基本一致，详见 5.1 节。

6.1.2 筏板基础平面图

筏板基础平面图主要由筏板基础、筏板基础标注和筏板基础尺寸标注三项图纸内容构成。

其中，筏板基础采用系统的基础底板建模，如图 6.1-1、图 6.1-2 所示，通过控制筏板的厚度和标高，可以实现常见的筏板＋抗水板模型，并且可以根据建筑专业和设备专业的需要对局部筏板进行降板处理。

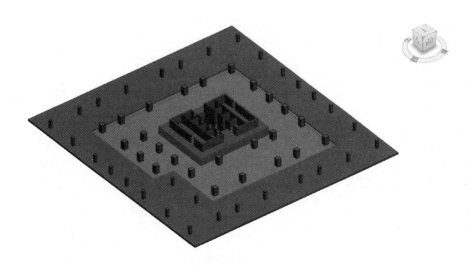

图 6.1-1　筏板基础模型示意图

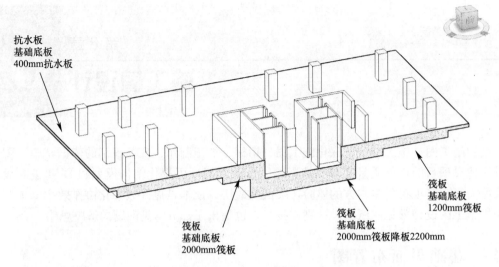

抗水板
基础底板
400mm抗水板

筏板
基础底板
1200mm筏板

筏板
基础底板
2000mm筏板降板2200mm

筏板
基础底板
2000mm筏板

图 6.1-2　筏板基础建模示意图

　　筏板基础标注主要包括筏板厚度、筏板配筋、筏板附加钢筋、筏板降板等相关内容。筏板厚度和筏板配筋采用原位表达的方法，可直接用注释填写。筏板附加钢筋采用"CSWADI 板配筋"族建模，该族自带配筋属性，填入配筋后，对相应的钢筋添加"CSWADI 板配筋标记"，该标记族将自动读取对应配筋信息，从而实现附加钢筋的自动标注，如图 6.1-3 所示。筏板降板的表达主要通过标高标注和剖面大样表达，详细做法见 6.2 节。筏板基础尺寸标注需表达筏板基础边界与轴线的定位关系，采用系统的尺寸标注即可。

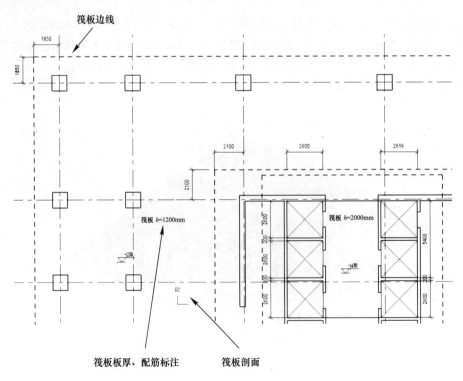

筏板边线

筏板 h=1200mm

筏板 h=2000mm

筏板板厚、配筋标注

筏板剖面

图 6.1-3　筏板基础平面图示例

6.1.3　桩基础平面图

桩基础平面图主要由桩基础、桩基础尺寸标注、桩基础标注、桩基详表、承台详表五项图纸内容构成。

如图 6.1-4、图 6.1-5 所示，图中桩基础采用承台与桩身分别建模，以适应不同的桩数、不同的布置间距和各种异形的承台情况。桩基础尺寸标注需表达独立基础与轴线的定位关系，采用系统的尺寸标注即可。

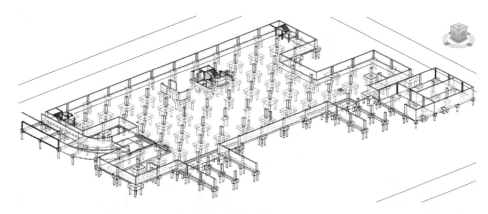

图 6.1-4　桩基础模型示意图

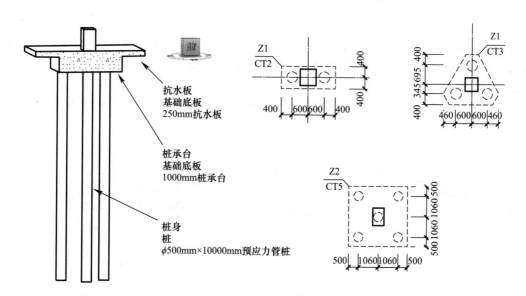

图 6.1-5　桩基础建模示意图

桩基础标注主要包含放坡关系、集水坑、板厚及配筋、附加钢筋等相关内容。板厚及配筋自由性较大，可直接采用注释的方式添加。附加钢筋采用"CSWADI 板配筋"族建模，该族自带配筋属性，填入配筋后，对相应的钢筋添加"CSWADI 板配筋标记"，该标记族将自动读取对应配筋信息，从而实现附加钢筋的自动标注（如图 6.1-6所示）。

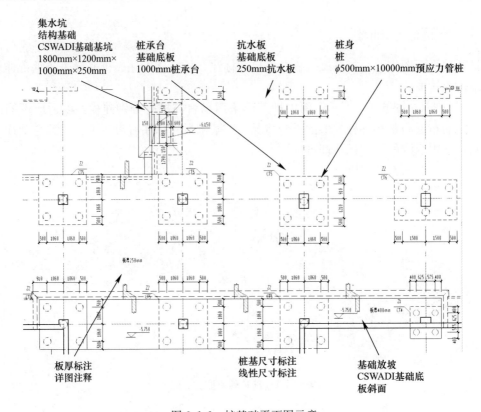

图 6.1-6 桩基础平面图示意

放坡关系采用 "CSWADI 基础底板"族建模,使用图案填充示意降板处放坡关系,该族为三面参数化放坡关系族,可通过参数调整,自动完成放坡关系绘制,见图 6.1-7。集水坑采用 "CSWADI 基础基坑"族建模,由于集水坑尺寸有一定的规格要求,该族为固定尺寸族,CSWADI 族库内置了各类常见的集水坑尺寸,供制图时选用,见图 6.1-8。

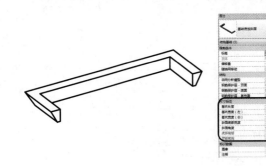

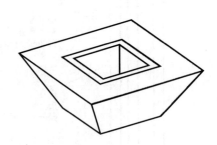

图 6.1-7 "CSWADI 基础底板"
族示意图

图 6.1-8 "CSWADI 基础基坑"
族示意图

桩基础标注包括承台编号和桩身编号,由于承台和桩身建模自由性较大,承台和桩身编号可由一般标注手动填写。对应的承台详表和桩身详表也可以通过详图项来表达。

需要说明的是,实际设计中,由于承台形式变化多样,绝大多数项目会出现异形、变标高或变厚度等特殊情况,所以必须采用承台与桩身分开建模的方式。其中承台采用基础底板建模,承台边界可以是完全自由的封闭线,因此难以通过简单的标记方式对承台和桩身予以编号。实际操作时，可编制二次开发程序，自动形成桩基础标注及对应明细表，其运行逻辑如图 6.1-9 所示。

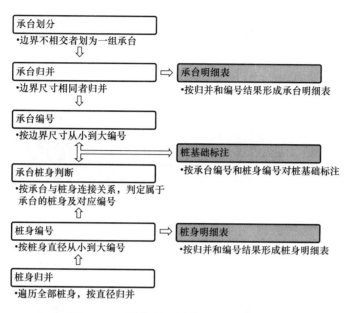

图 6.1-9 桩基础标注辅助程序运行逻辑

6.2 基础大样图

基础图除平面布置图之外，还有大量的大样图。根据 Revit 的工作思路，可以将这些大样分为两类：一类是与模型相关的大样，这些大样准确反映了基础模型的实际尺寸；另一类是与模型无关的大样，这些大样往往采用图例表达的方式，与实际模型无关。

6.2.1 与模型相关的大样图

与模型相关的大样，主要包括细部做法、降板大样、积水坑等，可以通过平面、剖面、轴测等不同方式在模型中获取，再进一步添加钢筋、尺寸、标高等详图注释，形成完整的大样图纸，如图 6.2-1～图 6.2-3 所示。其中钢筋可采用图形表达，以减轻模型体量。

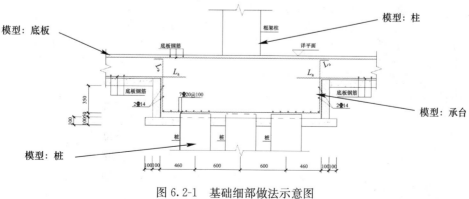

图 6.2-1 基础细部做法示意图

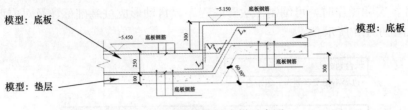

图 6.2-2　基础降板大样示意图

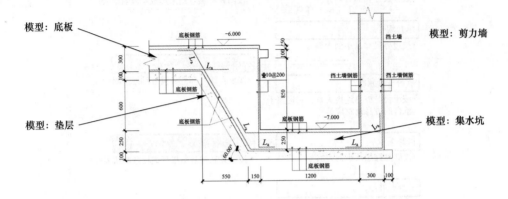

图 6.2-3　基础降板大样示意图

6.2.2　与模型无关的大样图

与模型无关的大样，主要包括详表配图、通用做法等，如图 6.2-4、图 6.2-5 所示。

对于详表配图，一般只是表达详图的参数含义和构造做法，不表达实际尺寸，因此，可采用固定的图块插入图纸，形成统一的表达方式。而通用做法往往采用相同的做法表达类似的基础关系，在一个项目中各个尺寸和配筋做法相对固定，但是在不同的项目中尺寸参数和配筋做法略有不同，因此，可采取参数化做法，将常见的通用做法固化为参数化图块，根据实际项目的需要选用，同时灵活地调整尺寸和配筋。

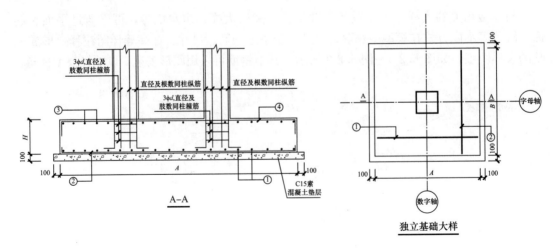

图 6.2-4　基础详表配图示意

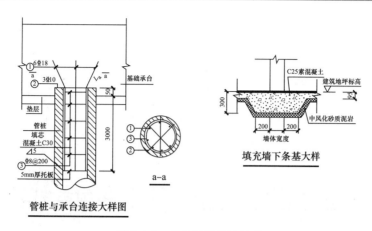

图 6.2-5 基础通用做法示意

6.3 结构平面布置图

6.3.1 结构平面布置图的构成

与 CAD 二维设计相同，施工图设计的结构平面布置图需要标注梁定位、板面标高以及板开洞等信息。在结构 BIM 正向设计中，复制一张所需结构平面标高视图，在该视图上进行标注即可。

6.3.2 复制视图

复制所需绘制结构平面的标高视图，以二层结构平面为例，右键点击 Revit "项目管理器"中的"结构平面：5.050m 平面图"，在弹出的右键菜单中点击"复制视图"➤"复制"（如图 6.3-1 所示），得到一张待标注的平面视图（如图 6.3-2 所示）。

图 6.3-1 复制视图

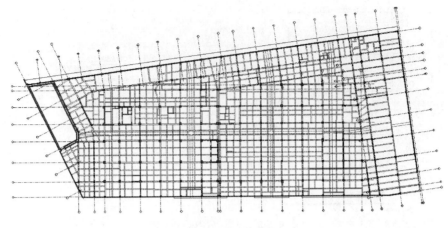

图 6.3-2 待标注平面

6.3.3 构件定位

构件定位详见 5.2.5。

6.3.4 降板区标注

1. 降板区标高标注

点击 Revit 菜单中的"注释"➤"尺寸标注"➤"高程点"(如图 6.3-3 所示)。Revit 菜单栏变为如图 6.3-4 所示界面,表示已进入尺寸标注状态。

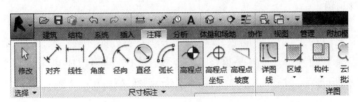

图 6.3-3 "高程点"菜单

图 6.3-4 尺寸标注状态

2. 选择标注样式

在【属性】对话框中选择标注样式,点击图 6.3-5 中的框中部分,弹出下拉列表(如图 6.3-6 所示),选择"三角形(项目)"。

3. 构件定位标注

将鼠标移至 Revit 图形区,在降板区单击鼠标左键进行楼板标高标注,再次单击确定标注所在位置(如图 6.3-7 所示)。

图 6.3-5　【属性】对话框（一）

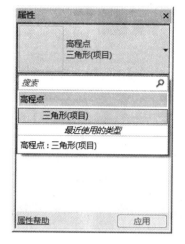

图 6.3-6　【属性】对话框（二）

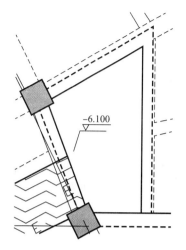

图 6.3-7　楼板标高标注

6.3.5　降板区填充

单击 Revit 菜单中的"视图"➤"图形"➤"可见性/图形"（如图 6.3-8 所示）或"VV"快捷键，弹出【可见性/图形替换】对话框，选择"过滤器"（如图 6.3-9 所示）。

图 6.3-8　"可见性/图形"菜单

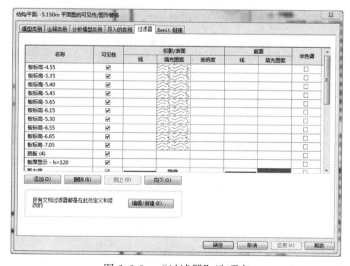

图 6.3-9　"过滤器"选项卡

单击"添加",弹出【添加过滤器】对话框(如图 6.3-10 所示)。单击"编辑/新建",弹出【过滤器】对话框(如图 6.3-11 所示)。单击"新建"图标按钮,弹出【过滤器名称】对话框,"名称"处输入"板标高−6.10",点击"确定"(如图 6.3-12 所示)。在"过滤器列表"中选择"结构",在类别中勾选"楼板",过滤条件依次选择"顶部高程""等于",值输入"−6100",点击"确定"(如图 6.3-13 所示)。返回【添加过滤器】对话框,选择"板标高−6.10",点击"确定"(如图 6.3-14 所示)。返回【可见性/图形替换】对话框,选中"板标高−6.10",在"填充图案"处点击替换,弹出【填充样式图形】对话框,选择相应的填充图案,点击"确定"(如图 6.3-15 所示)。返回【可见性/图形替换】对话框,再次点击"确定",完成降板区填充(如图 6.3-16 所示)。

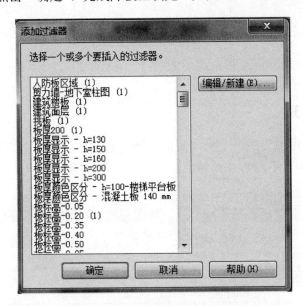

图 6.3-10 【添加过滤器】对话框

图 6.3-11 【过滤器】对话框

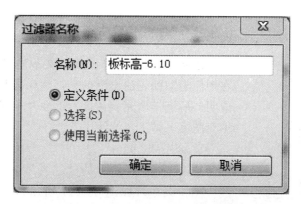

图 6.3-12　【过滤器名称】对话框

图 6.3-13　过滤条件

图 6.3-14　过滤器创建完成

图 6.3-15　【填充样式图形】对话框

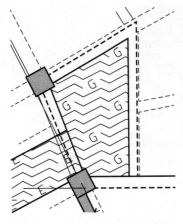

图 6.3-16　完成降板区填充

6.3.6　辅助出图信息

Revit 中提供了详图线、文字注释与填充图案，用于在图面上辅助表达出图信息，例如板开洞的线条、墙开洞说明、后浇带填充表达等。下面介绍详图线、文字注释与填充图案三种工具的使用方法。

1. 详图线

单击 Revit 菜单中的"注释"➤"详图"➤"详图线"图符菜单（如图 6.3-17 所示），Revit 菜单栏变为如图 6.3-18 所示界面，表示已进入详图线创建状态。选择线样式，绘制相应的线条，完成图面表达（如图 6.3-19 所示）。

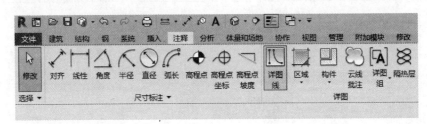

图 6.3-17　"详图线"菜单

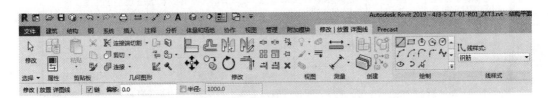

图 6.3-18　详图线创建状态

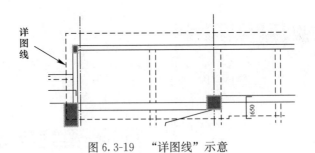

图 6.3-19　"详图线"示意

2. 文字注释

单击 Revit 菜单中的"注释"➤"文字"➤"文字"（如图 6.3-20 所示），【属性】对话框中显示了文字属性（如图 6.3-21 所示）。Revit 菜单栏变为如图 6.3-22 所示界面，表示已进入文字创建状态。选择文字类型，标注相应的文字，完成图面表达（如图 6.3-23 所示）。

图 6.3-20 "文字"菜单

图 6.3-21 "文字"属性

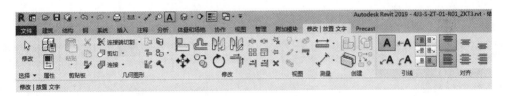

图 6.3-22 文字创建状态

虚线框范围内楼板双层双向虫10@200配筋
局部钢筋附加或替换如图

图 6.3-23 "文字"示意

3. 填充图案

单击 Revit 菜单中的"注释"➤"详图"➤"区域"图符菜单➤"填充区域"（如图 6.3-24 所示），【属性】对话框中显示了填充区域属性（如图 6.3-25 所示）。Revit 菜单栏变为如图 6.3-26 所示界面，表示已进入填充区域创建状态。选择填充区域类型，标注相应的文字，完成图面表达。

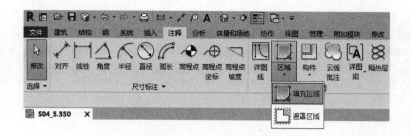

图 6.3-24　"区域"菜单

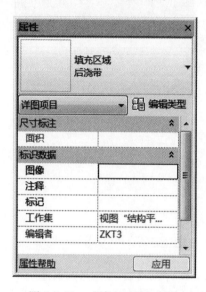

图 6.3-25　"填充区域"属性

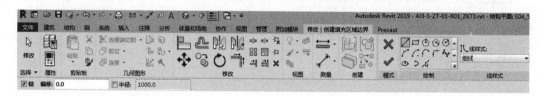

图 6.3-26　填充区域创建状态

借助详图线、文字与填充图案辅助出图，可以完善表达平面信息，如图 6.3-27 所示。

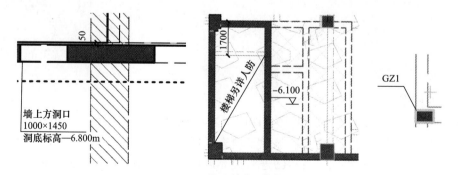

图 6.3-27　详图线、文字与填充图案组合表达示意

完成结构平面布置图,结构平面布置图如图 6.3-28 所示。

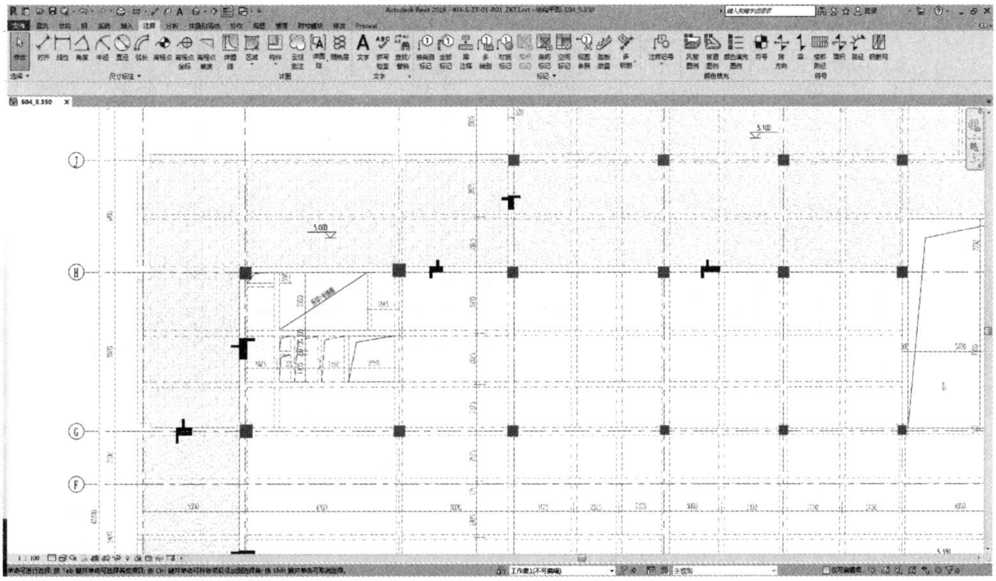

图 6.3-28　结构平面布置图

6.4　结构板配筋图

6.4.1　结构板配筋图构成

结构板配筋图需要表达楼板的配筋信息。在结构 BIM 正向设计中,复制一张所需结构平面标高视图,再在该视图上进行标注即可。

6.4.2　复制视图

详见 6.3.2 节。

6.4.3　导入计算书

点击 Revit 菜单中的"插入"➤"导入"➤"导入 CAD"(如图 6.4-1 所示),选择对应的 CAD 计算书文件,导入视图(如图 6.4-2 所示)。

图 6.4-1　"导入 CAD"菜单

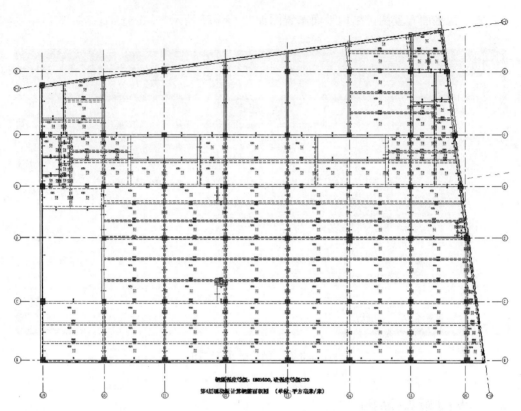

钢筋强度等级：HRB400，砼强度等级C30
第4层混凝板计算钢筋面积图 （单位：平方毫米/米）

图 6.4-2　导入计算书后的底图

6.4.4　楼板配筋标注

1. 载入族

点击 Revit 菜单中的"插入"➤"从库中载入"➤"载入族"（如图 6.4-3 所示），选择板配筋标注相关族（包括楼板顶部负筋和楼板底部正筋），载入项目。

图 6.4-3　"载入族"菜单

2. 绘制楼板配筋标注

根据计算书和楼板跨度，绘制楼板配筋标注。在项目浏览器中找到需要使用的标注族，鼠标左键点击并按住，拖动到视图中，通过点选两个端点的位置放置标注（如图 6.4-4 所示）。

点击已放置的标注，修改对应参数列表中的数值，驱动标注修改以达到设计要求（如图 6.4-5 所示）。

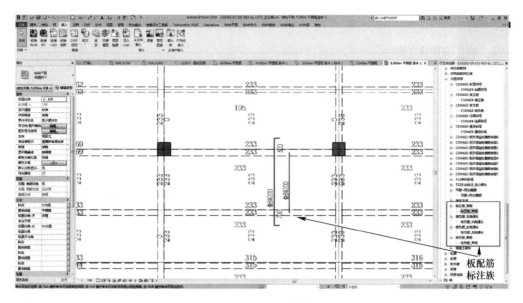

图 6.4-4 绘制板配筋标注

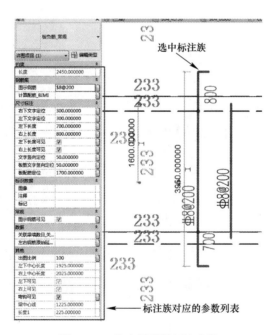

图 6.4-5 修改板配筋标注参数

6.5 柱详图

6.5.1 柱详图的构成

柱详图主要由柱平面图、柱明细表以及柱配筋大样组成。本小节将示例性展示柱详图各部分的施工图绘制方式，展示相关族的应用和效果，指明结构 BIM 正向设计中柱详图的关键点，为设计人员高效出图提供可行方案。

6.5.2 柱平面图

柱图构件（族）组成解析，如图 6.5-1 所示。

在柱模型建立过程中，按需采用各类柱族，完成结构计算与配筋后，需将配筋结果添加进相应柱的实例参数中（如图 6.5-2 所示），以便通过柱明细表辅助表达设计结果。通常，柱明细表包含但不限于柱截面、配筋、标高范围等。柱明细表初次创建后，为保证表中信息准确一致，一旦发生修改，都需及时将最新信息录入相应柱的实例参数中。

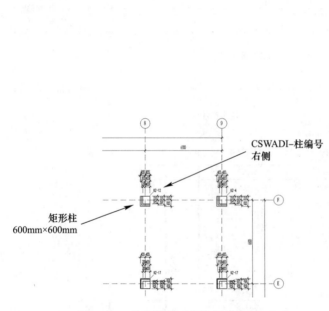

图 6.5-1 柱图构件（族）组成解析

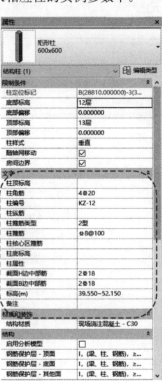

图 6.5-2 添加实例参数

6.5.3 柱明细表

1. 新建柱明细表

在功能区中，单击 Revit 菜单中的"视图" ➤ "创建" ➤ "明细表" ➤ "明细表/数量"，如图 6.5-3 所示。在弹出的【新建明细表】对话框（如图 6.5-4 所示）中，选择"类别" ➤ "结构柱"，然后单击"确定"。

图 6.5-3 "明细表"菜单

在弹出的【明细表属性】对话框（如图 6.5-5 所示）中，在"字段"➤"可用的字段"列表中选择需要加入明细表中的字段，如"柱编号"（如图 6.5-6 所示）。

图 6.5-4　【新建明细表】对话框

图 6.5-5　【明细表属性】对话框

单击"添加"，"明细表字段"列表中将增加"柱编号"项，相应的，在"可用的字段"列表中"柱编号"项消失。

2. 在明细表中添加其他参数类字段

当"可用的字段"列表中没有我们拟建明细表所需的内容时，可单击"添加参数"，在弹出的【参数属性】对话框中（如图 6.5-7 所示）编辑"参数数据"栏中的"名称"，并相应修改其"规程""参数类型"等设置，然后点击"确定"。"明细表字段"的所需字段添加完毕后，效果如图 6.5-8 所示。

图 6.5-6　【明细表属性】添加可用字段

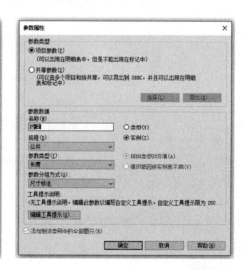

图 6.5-7　【参数属性】对话框

3. 设置"过滤器"

同一模型中，为区分不同建筑或同一建筑地上、地下部分的柱，可通过"过滤器"筛选出需要在明细表中罗列的柱。本演示案例中，通过"标高（m）"参数和"柱编号"参数作为过滤条件筛选出需罗列于明细表的柱，如图 6.5-9 所示。

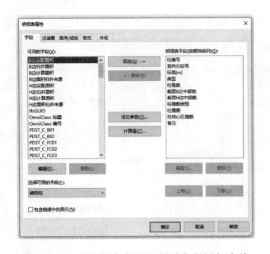

图 6.5-8 "明细表字段"所需字段添加完毕　　　图 6.5-9 本案例所设"过滤器"

4. 明细表"排序/成组"设置

一般情况下，我们希望以"柱编号"为第一列进行排序，为此，在【明细表属性】对话框➤"排序/成组"选项卡中将"排序方式"设置为"柱编号"，并选择"升序"按钮；相同编号的柱在不同标高段会有截面、配筋变化，因此将"否则按"设置为"竖向分段号"，并选择"升序"按钮（如图 6.5-10 所示）使同编号的柱按不同标高段罗列。

图 6.5-10 明细表"排序/成组"选项卡

提示："竖向分段号"参数用于控制同编号的柱在不同标高段"标高（m）"参数的排列顺序，在无"竖向分段号"参数时，仅用"标高（m）"参数控制排列顺序，会因"标高（m）"参数中文字、正负号等信息，造成排列错误，其差异如图 6.5-11 与图 6.5-12 所示。

标高(m)	类型	
KZ-1		
−5.150～5.050	800×800	
5.050～22.750	700×700	
22.750～39.550	600×700	
39.550～52.150	600×600	
基顶-5.150	800×800	

图 6.5-11　"标高（m）"参数控制排序

标高(m)	类型	
KZ-1		
基顶-5.150	800×800	
−5.150～5.050	800×800	
5.050～22.750	700×700	
22.750～39.550	600×700	
39.550～52.150	600×600	

图 6.5-12　"竖向分段号"参数控制排序

在最终绘制的柱编号名字表中，可通过在"竖向分段号"参数列的表头点击鼠标右键，选择"隐藏列"隐藏该参数，也可通过选择"取消隐藏全部列"显示出所有隐藏列，如图 6.5-13、图 6.5-14 所示。也可在【明细表属性】对话框的"格式"选项卡内，将"竖向分段号"参数的"隐藏字段"项打钩（如图 6.5-15 所示）。

图 6.5-13　"隐藏列"功能

图 6.5-14　"取消隐藏全部列"功能

5.设置明细表"格式"

为符合企业设计习惯，准确表达明细表内容，可对明细表的"格式"进行定制。在【明细表属性】对话框的"格式"选项卡中，分别设置各列参数的"标题""标题方向""对齐"等属性，如图 6.5-16 所示。

 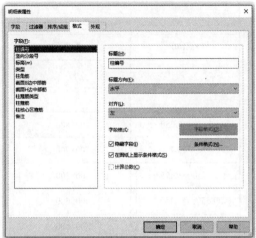

图 6.5-15 "隐藏字段"选项　　　　　　图 6.5-16 "格式"选项卡

本演示案例对"柱明细表"的"格式"设置如表 6.5-1 所示。

明细表"格式"设置表　　　　　　　　　　　表 6.5-1

序号	字段	标题	标题方向	对齐	隐藏字段
1	柱编号	柱编号	水平	中心线	是
2	竖向分段号	竖向分段号	水平	中心线	是
3	标高（m）	标高（m）	水平	中心线	否
4	类型	类型	水平	中心线	否
5	柱角筋	柱角筋	水平	中心线	否
6	截面 B 边中部筋	截面 B 边中部筋	水平	中心线	否
7	截面 H 边中部筋	截面 H 边中部筋	水平	中心线	否
8	柱箍筋类型	柱箍筋类型	水平	中心线	否
9	柱箍筋	柱箍筋	水平	中心线	否
10	柱核心区箍筋	柱核心区箍筋	水平	中心线	否
11	备注	备注	水平	中心线	否

6. 修改明细表"外观"

设计人员可按自身需求，对明细表外观进行调整。在【明细表属性】对话框的"外观"选项卡中，可调整"网格线"、"轮廓"、"标题文本"、"标题"字体、"正文"字体等内容，如图 6.5-17 所示。

此外，也可直接在明细表中选择某列参数，通过"修改明细表/数量"菜单对明细表项进行"对齐"等编辑修改，如图 6.5-18 所示。

图 6.5-17 "外观"选项卡

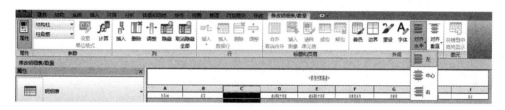

图 6.5-18 "修改明细表/数量"菜单

6.5.4 柱施工图附注

通过文字注释等方式,将附注添加在柱施工图中,如图 6.5-19 所示。

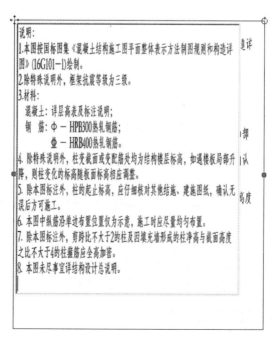

图 6.5-19 图纸中直接添加附注

6.5.5　柱配筋大样

Revit 中可以直接绘制柱配筋大样。点击 Revit 菜单中的"视图"➤"创建"➤"绘图视图"（如图 6.5-20 所示），新建柱配筋大样，按需填写详图名称及比例（如图 6.5-21 所示）。在新建的柱配筋大样中，通过"注释"菜单中"详图线""文字""符号"等工具（如图 6.5-22 所示）绘制柱通用大样。

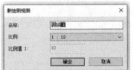

图 6.5-20　"绘制视图"菜单　　　　　　图 6.5-21　填写视图信息

图 6.5-22　"详图线""文字""符号"工具

本演示案例的柱配筋大样如图 6.5-23 所示。

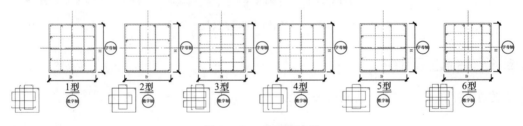

图 6.5-23　柱配筋大样

6.6　剪力墙详图

6.6.1　剪力墙边缘构件施工图的表达方式

剪力墙边缘构件是剪力墙配筋的加强区域，位于剪力墙端部，该区域是剪力墙的一个部分，若采用一个单独的三维实体进行建模不符合实际情况。经过我院项目实践，采用二维的详图项目族在平面视图中对边缘构件的轮廓进行绘制，更符合实际概念，同时也更利于绘图实现。

剪力墙边缘构件的形状较为固定，除极少数特殊的形状外，常用形状有一字形、L形、T 形、十字形、Z 形、T 形＋端柱、F 形、类 F 形等，采用详图项目族逐个制作，可保证相关信息的完整性，同时也可实现数据与图形的参数化联动。

6.6.2　创建剪力墙边缘构件平面族

单击 Revit 下拉菜单"文件"➤"新建"➤"族"（如图 6.6-1 所示），在弹出的族样板文件选择对话框中选中"公制详图项目 .rft"作为族制作的初始样板，并点击"打开"进入族制作页面。

　　在族制作页面中，用"直线"功能绘制边缘构件的轮廓，为轮廓的每条边指定"参照平面"并绑定参数，完成边缘构件平面族的制作（如图 6.6-2 所示）。

　　采用同样的方法，可依次完成其他形状边缘构件族的制作（如图 6.6-3 所示）。

图 6.6-1　新建页面

6.6.3　剪力墙边缘构件详图族

　　边缘构件详图族的制作原理与平面族类似，只是更为复杂，经笔者实践，通过对详图的解构与逐层制作，可实现各类边缘构件详图族的参数与图形的完全联动。

　　首先需完成一字形边缘构件详图的创建，继而由一字形详图通过嵌套组装形成其他形状的边缘构件详图，完成各种边缘构件详图形状族的制作，如图 6.6-4～图 6.6-6 所示。

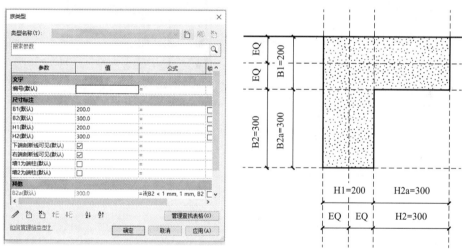

图 6.6-2　参照平面

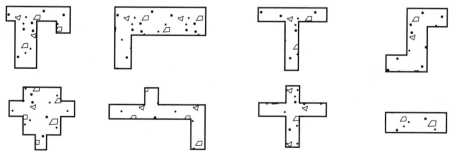

图 6.6-3　其他形状边缘构件族

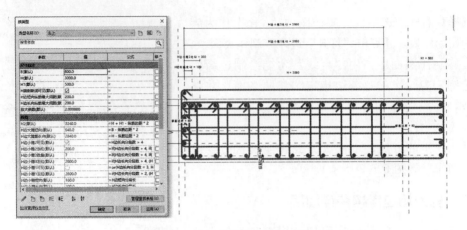

图 6.6-4　一字形边缘构件详图的创建

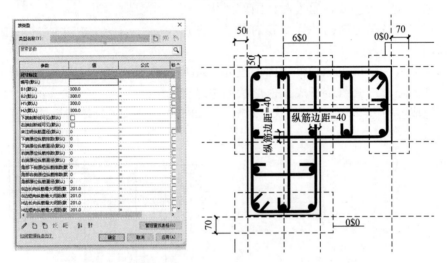

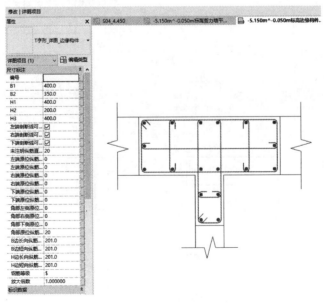

图 6.6-5　其他形状的边缘构件详图

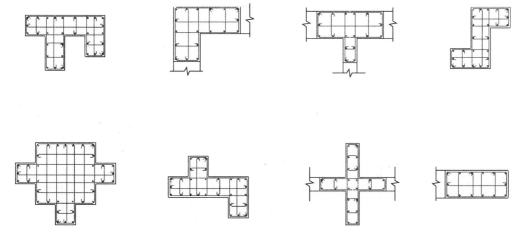

图 6.6-6　各种边缘构件详图形状族

6.6.4　剪力墙边缘构件施工图形成过程

按规范要求将剪力墙进行拆分，将边缘构件平面族放置到平面图形中，并完成墙体和边缘构件的初步编号与尺寸标注，如图 6.6-7、图 6.6-8 所示。

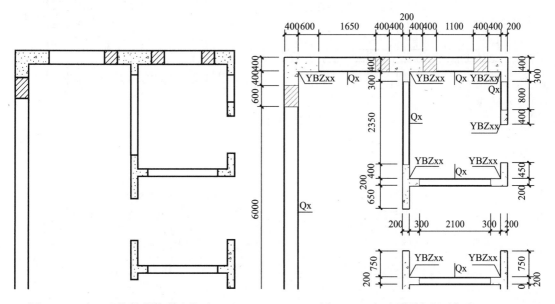

图 6.6-7　布置边缘构件族到墙柱平面　　　　图 6.6-8　初步编号与尺寸标注

重复上一步操作完成整层的边缘构件平面布置图，如图 6.6-9 所示。

利用制作好的边缘构件详图族完成边缘构件详图绘制，边缘构件配筋详图与边缘构件平面详图通过相同的编号进行关联，可以通过二次开发程序或者 Dynamo 编程，便捷地完成平面族与详图族的联动修改，如图 6.6-10 所示。

经项目实践，以上操作过程采用 Revit 原生功能进行设计，设计绘图的工作量远大于常规的二维设计方式，建议采用参数化的方法，通过二次开发，利用程序提高剪力墙详图的绘图效率。

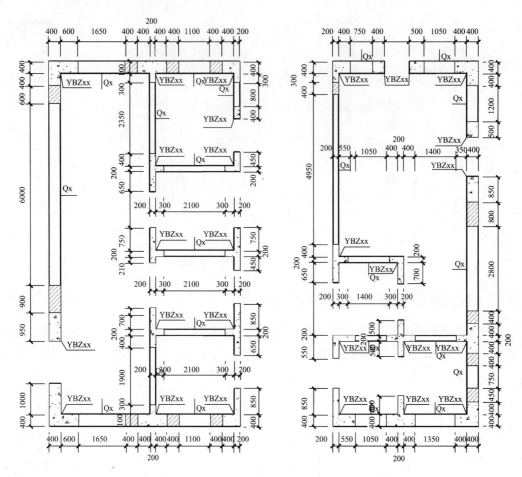

图 6.6-9　边缘构件平面布置图

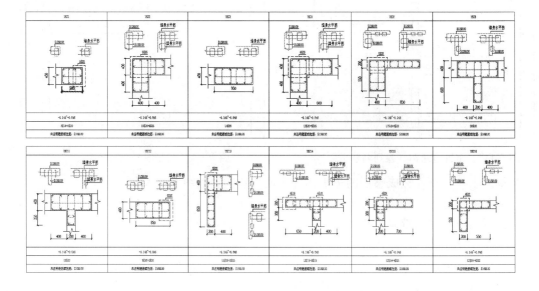

图 6.6-10　边缘构件详图

6.7 梁平法施工图

6.7.1 梁平法施工图构成

梁平法施工图需要标注梁的尺寸标高和配筋信息。在结构 BIM 正向设计中，可复制一张对应标高的结构平面视图，再在该视图上进行标注即可。

6.7.2 复制视图

详见 4.3.2 节。

6.7.3 导入计算书

点击 Revit 菜单中的"插入"➤"导入"➤"导入 CAD"（如图 6.7-1 所示），选择对应的 CAD 计算书文件，导入视图（如图 6.7-2 所示）。

图 6.7-1 "导入 CAD"菜单

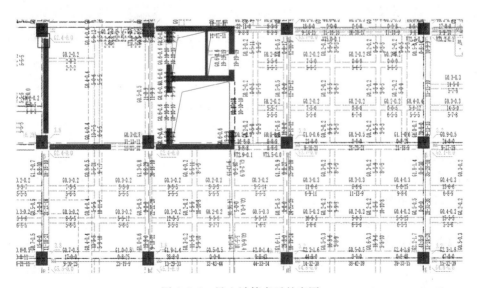

图 6.7-2 导入计算书后的底图

6.7.4 梁平法标注

1. 载入族

点击 Revit 菜单中的"插入"➤"从库中载入"➤"载入族"（如图 6.7-3 所示），选择梁平法标注相关族（主要包括吊筋/附加箍筋族、集中标注族和原位标注族），载入项目。

图 6.7-3 "载入族"菜单

2. 绘制梁标注

根据计算书，绘制梁标注。在项目浏览器中找到需要使用的标注族，左键点击并按住，拖动到视图中，点击放置。点击标注中的文字，进行修改，以满足设计要求，如图 6.7-4 所示。

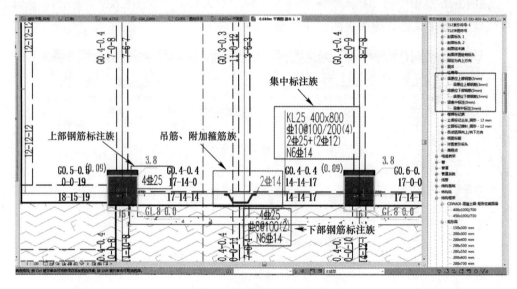

图 6.7-4 绘制梁平法标注

3. 添加图纸说明

经项目实践，梁平法标注完全由人工绘制过于烦琐，且无法做到标注信息关联梁构件信息，建议使用辅助软件生成后，修改成图。

6.8 楼梯详图

6.8.1 楼梯详图的构成

与 CAD 二维设计相同，楼梯结构详图主要包括楼梯平面、楼梯剖面、楼梯通用大样、楼梯明细表、楼梯附注等内容。此外，在结构 BIM 正向设计中，可以利用三维建模优势，绘制三维透视图直观表达楼梯间与周围结构关系、展示复杂节点，以此提升施工图质量。

本节将示例性展示相关族的用法和效果，为设计人员解构结构 BIM 正向设计中楼梯详图的绘制方式。基于此，设计人员可按自身要求绘制功能性更强的楼梯族，相关绘制方法可参照附录 A。

6.8.2 楼梯平面

楼梯平面视图构件（族）组成解析，如图 6.8-1 所示。

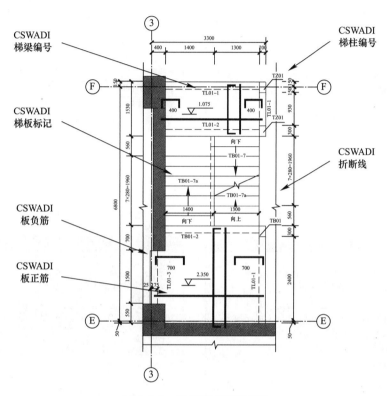

图 6.8-1 楼梯平面视图解析

1. 添加梁、板、柱编号

选择需要进行编号的楼板、梯板、梯柱、梯梁等构件，在【属性】对话框中，对"标识数据"栏中的"标记"或"注释"进行编辑（建议采用"注释"表示构件的编号，复制构件时可保证相同构件的编号一致），输入构件编号（如图 6.8-2 所示）。

点击 Revit 菜单中的"注释" ➤ "文字" ➤ "按类别标记"（如图 6.8-3 所示），再选择需要进行标记的构件，所选构件的编号将显示在相关视图上。类似地，当点击"注释" ➤ "文字" ➤ "全部标记"时，将对当前视图的所有构件进行标记。

2. 添加板配筋

将已载入的板钢筋标注族，拖动至适当位置并释放鼠标，点击该钢筋标注族，修改对应参数列表中的数值，驱动标注修改以表达正确的设计结果，如图 6.8-4 所示。

3. 添加板标高

点击 Revit 菜单中的"注释" ➤ "尺寸标注" ➤ "高程点"（如图 6.8-5 所示），再选择需要进行标记的楼板或其他构件，程序将自动提取所选构件的高程进行标注。

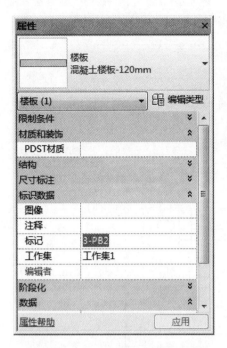
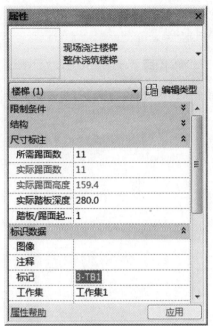
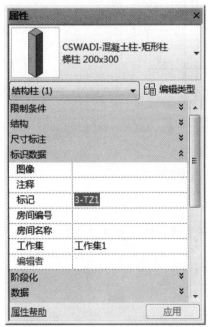
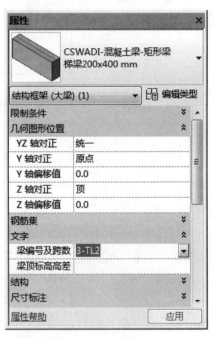

图 6.8-2　楼板、梯板、梯柱、梯梁编号输入

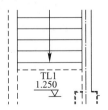

图 6.8-3　"按类型标记"图符菜单及效果

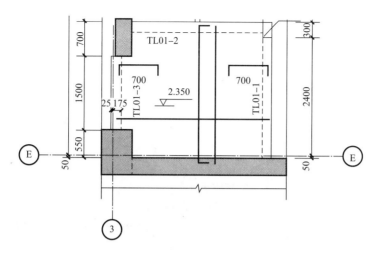

图 6.8-4　休息平台板配筋图

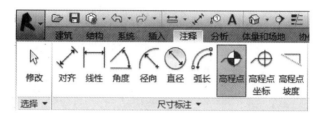

图 6.8-5　"高程点"标注菜单

4. 添加尺寸标注

点击 Revit 菜单中的"注释" ➤ "尺寸标注" ➤ "对齐"（如图 6.8-6 所示），再依次点击需要进行标记的构件边缘，程序将自动提取所选构件边缘之间的间距进行标注。

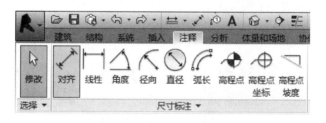

图 6.8-6　"对齐"标注菜单

6.8.3　楼梯剖面

楼梯剖面视图构件（族）组成解析，如图 6.8-7 所示。

若遇到重复的标准层，可按以下步骤设置，归并重复信息，简化剖面图表达：

（1）点击需要修改的剖面视图，勾选【属性】对话框中"范围" ➤ "裁剪区域可见"，如图 6.8-8 所示。

（2）在视图中选择裁剪框，将鼠标移动至折断线处，如图 6.8-9 所示。

（3）在折断线处单击鼠标左键，视图内容被拆分为两部分，如图 6.8-10 所示。

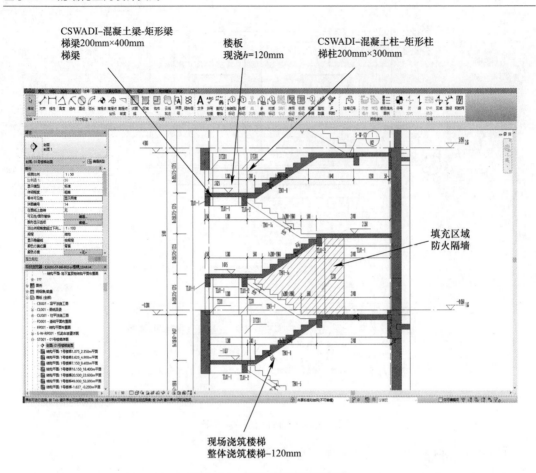

图 6.8-7 楼梯剖面视图解析图

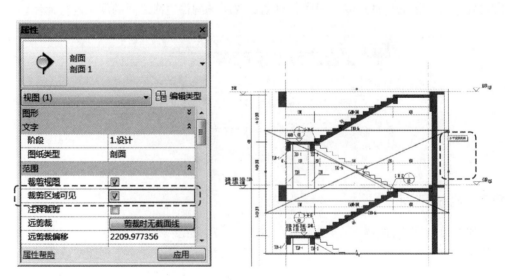

图 6.8-8 勾选 "裁剪区域可见"　　　图 6.8-9 裁剪视图框

（4）需要将两部分合并在一起时，在拖拽箭头处点击鼠标左键，拖动到所需位置处即可，如图 6.8-11、图 6.8-12 所示。

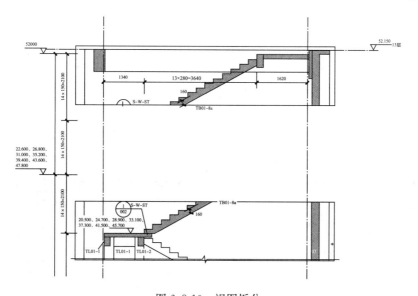

图 6.8-10　视图拆分

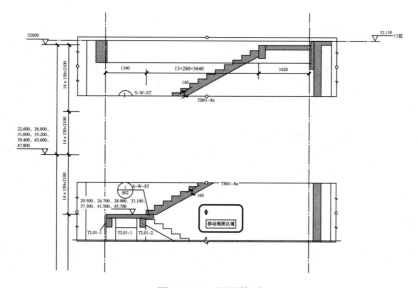

图 6.8-11　视图拖动

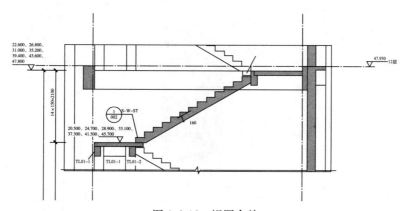

图 6.8-12　视图合并

视图区域合并后，出现"警告"，如图 6.8-13 所示。

图 6.8-13　视图合并警告

视图区域拆分后，相关尺寸不能按需修改，如图 6.8-14、图 6.8-15 的虚线框部分所示。为解决这个问题，可在视图拆分和合并前，采用"以文字替换"的形式更改尺寸标注，以满足项目需求。

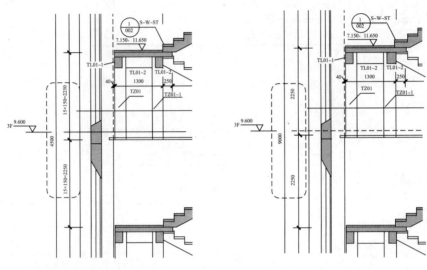

图 6.8-14　尺寸标注修改前　　　　图 6.8-15　尺寸标注修改后

6.8.4　楼梯三维示意图

三维视图将出现前后遮挡（如图 6.8-16 所示），为清晰表达，需对构件显示的透明度进行设置。

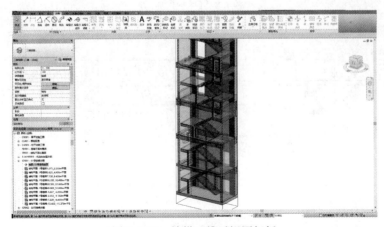

图 6.8-16　楼梯三维透视图解析

通过快捷键"VV"，在弹出的【三维视图：可见性/图形替换】对话框中，调节相关构件的透明度，按个人需求突出显示主要构件，如图 6.8-17、图 6.8-18 所示。

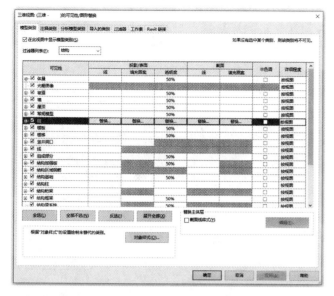

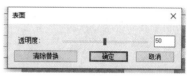

图 6.8-17　【三维视图：可见性/图形替换】对话框　　　图 6.8-18　调节构件透明度

经过项目实践，在楼梯三维图中，可采用隐藏线视觉样式，并增加墙、板等遮挡性构件的透明度（如图 6.8-19 所示），以体现楼梯间的整体空间构成（如图 6.8-20 所示）。

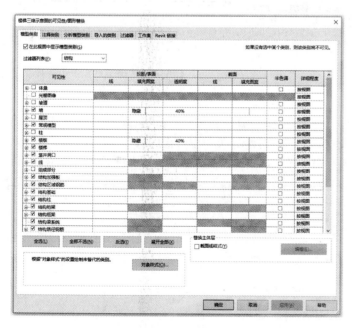

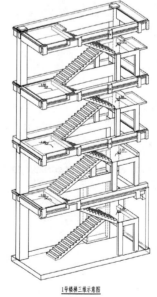

图 6.8-19　推荐可见性/图形替换设置　　　　　图 6.8-20　楼梯间三维示意图

6.8.5　楼梯通用大样

Revit 中绘制楼梯通用大样可采用剖面图的方式。点击 Revit 菜单中的"视图"➤

"创建"➤"剖面"（如图 6.8-21 所示），在需要位置添加剖面（如图 6.8-22 所示），再双击添加的剖面符号，转到相应剖面视图。在剖面图中，通过"HI"快捷键隐藏该大样不需要表达的构件，再点击 Revit 菜单中的"注释"➤"详图"➤"详图线"（如图 6.8-23 所示）绘制钢筋，并通过注释族、对齐标注、折断线族等自制族或工具添加该大样所需内容。本演示案例中的楼梯平台板挑板大样如图 6.8-24 所示。

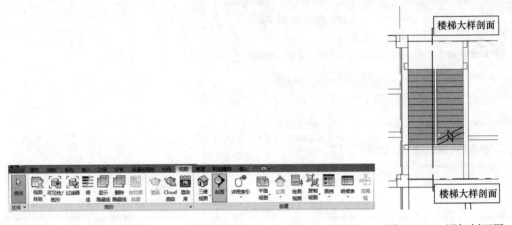

图 6.8-22　添加剖面图

图 6.8-21　"剖面"工具

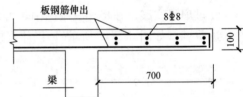

图 6.8-24　楼梯平台板挑板大样

图 6.8-23　"详图线"工具

此外，Revit 中也可以直接绘制详图。点击 Revit 菜单中的"视图"➤"创建"➤"绘图视图"（如图 6.8-25 所示），新建楼梯通用大样图，按需填写详图名称及比例（如图 6.8-26 所示）。在新建的楼梯通用大样图中，通过"注释"菜单中"详图线""文字""符号"等工具（如图 6.8-27 所示）绘制楼梯通用大样。本演示案例中的梯段板大样如图 6.8-28 所示。

图 6.8-25　"绘图视图"工具

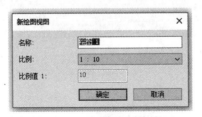

图 6.8-26　填写视图信息

图 6.8-27　"详图线""文字""符号"工具

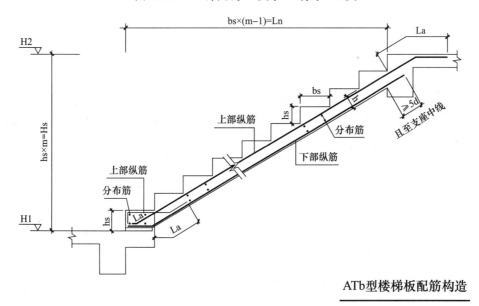

ATb型楼梯板配筋构造

图 6.8-28　楼梯通用大样①

6.8.6　楼梯明细表

1. 新建楼梯明细表

点击 Revit 菜单中的"视图"➤"创建"➤"明细表"➤"明细表/数量",如图 6.8-29 所示。

图 6.8-29　"明细表"菜单

在弹出的【新建明细表】对话框(如图 6.8-30 所示)中,选择"类别"➤"楼梯"➤"梯段",然后单击"确定"。

在弹出的【明细表属性】对话框中,在"字段"选项卡➤"可用的字段"列表中选择需要加入明细表中的字段,如"标记"(如图 6.8-31 所示)。

2. 在明细表中添加其他参数类字段

当"可用的字段"列表中没有拟建明细表所需的内容时,可单击"添加参数",在弹

---

① 图中多个尺寸参数符号应为斜体主字母与下角标字母组合,如 H1 应为 H_1,La 应为 L_a,但软件中均误为平排正体组合。为方便读者参照,保留了这一形式,后同——编者注。

出的【参数属性】对话框中（如图 6.8-32 所示）编辑"参数数据"栏中的"名称"，并相应修改其"规程""参数类型"等设置，然后点击"确定"。

图 6.8-30　【新建明细表】对话框

图 6.8-31　【明细表属性】对话框

图 6.8-32　"明细表属性"添加其他参数

3. 在明细表中添加"计算值"类字段

当明细表中有根据"可用的字段"列表中的字段通过公式计算得到的参数时，单击"计算值"，在弹出的【计算值】对话框中（如图 6.8-33 所示）编辑"名称"和"公式"，然后点击"确定"。按上述办法添加明细表的其他字段。"明细表字段"的所需字段添加完

图 6.8-33　【计算值】对话框

毕后，效果如图 6.8-34 所示。

4. 明细表"排序/成组"设置

一般情况下，以"梯板编号"（即梯板的"标记"）为第一列进行排序，为此，在【明细表属性】对话框➤"排序/成组"选项卡中将"排序方式"设置为"标记"，并选择"升序"按钮（如图 6.8-35 所示）。

图 6.8-36 为按"标记"以升序方式排列的明细表效果。

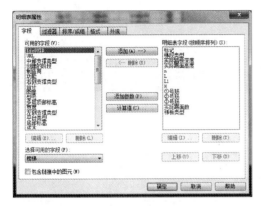 

图 6.8-34　【明细表属性】对话框　　　　图 6.8-35　明细表"排序/成组"选项卡

<楼梯明细表>

A	B	C	D	E	F	G	H	I	J	K	L
梯板编号	厚度t(m	踏步宽b(m	踏步高h(mm	n	Ln (mm)	L1 (mm)	Hn (mm)	①号筋	②号筋	③号筋	梯板类
1-TB1	100	280	159.4	7	1960		1275	8@150	8@200	6.5@200	1型
1-TB1a	100	280	159.4	8	2240		1275	8@150	8@200	6.5@200	2型
1-TB1b	100	280	159.4	7	1960	330	1275	8@150	8@200	6.5@200	3型
1-TB1c	100	280	159.4	7	1960	610	1275	8@125	8@200	6.5@200	3型
1-TB2	120	280	159.4	10	2800		1753	8@100	8@150	6.5@180	1型
1-TB3	110	280	159.4	10	2800		1594	8@100	8@150	6.5@180	2型
1-TB4	100	280	155.2	9	2520		1552	8@125	8@200	6.5@200	1型
1-TB5	100	280	155.1	9	2520		1396	8@125	8@200	6.5@200	2型
2-TB1	110	280	159.4	10	2800		1753	8@100	8@200	6.5@180	1型
2-TB2	110	280	159.4	10	2800		1594	8@100	8@150	6.5@180	2型
2-TB3	100	280	155.2	9	2520		1552	8@125	8@200	6.5@200	1型
2-TB4	100	280	155.1	9	2520		1396	8@125	8@200	6.5@200	2型
2a-TB1	100	280	159.4	7	1960		1275	8@150	8@200	6.5@200	1型
2a-TB1a	100	280	159.4	8	2240		1275	8@150	8@200	6.5@200	2型
2a-TB1b	100	280	159.4	7	1960	330	1275	8@150	8@200	6.5@200	3型
2a-TB1c	100	280	159.4	7	1960	610	1275	8@125	8@200	6.5@200	3型
2a-TB2	120	280	159.4	10	2800		1753	8@100	8@150	6.5@180	1型
2a-TB3	110	280	159.4	10	2800		1594	8@100	8@150	6.5@180	2型
2a-TB4	100	280	155.2	9	2520		1552	8@125	8@200	6.5@200	1型
2a-TB5	100	280	155.1	9	2520		1396	8@125	8@200	6.5@200	2型
3-TB1	110	280	159.4	10	2800		1753	8@100	8@150	6.5@180	1型
3-TB2	110	280	159.4	10	2800		1594	8@100	8@150	6.5@180	2型
3-TB3	100	280	155.2	9	2520		1552	8@125	8@200	6.5@200	1型
3-TB4	100	280	155.1	9	2520		1396	8@125	8@200	6.5@200	2型
4-TB1	110	280	159.4	10	2800		1753	8@100	8@150	6.5@180	1型
4-TB2	110	280	159.4	10	2800		1594	8@100	8@150	6.5@180	2型
4-TB3	100	280	155.2	9	2520		1552	8@125	8@200	6.5@200	1型
4-TB4	100	280	155.1	9	2520		1396	8@125	8@200	6.5@200	2型

图 6.8-36　楼梯明细表实例

5. 设置明细表标题

为便于理解明细表标题含义，并符合企业设计习惯，可对明细表标题进行定制。在【明细表属性】对话框➤"格式"选项卡中按表 6.8-1 中"字段"与"标题"栏进行对应，如将"标记"字段的标题名称修改为"梯板编号"，如图 6.8-37、图 6.8-38 所示。

同时可对"标题方向""对齐"方式等进行设置，如表 6.8-1 所示。

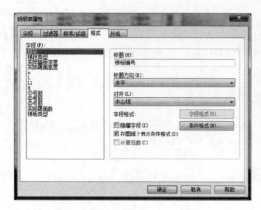

图 6.8-37 明细表"格式"选项卡

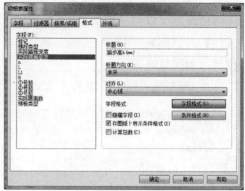

图 6.8-38 明细表"格式"选项卡

明细表"格式"设置表 表 6.8-1

序号	字段	标题	标题方向	对齐	隐藏字段	小数点位数
1	标记	梯板编号	水平	中心线	否	无
2	梯段类型	厚度 t(mm)	水平	中心线	否	无
3	实际踏板深度	踏步宽 b(mm)	水平	中心线	否	使用项目设置
4	实际踢面高度	踏步高 h(mm)	水平	中心线	否	1 个小数位
5	n	n	水平	中心线	否	默认设置
6	L	Ln(mm)	水平	中心线	否	使用项目设置
7	L1	L1(mm)	平	中心	否	使用项目设置
8	H	Hn(mm)	水平	中心线	否	0 个小数位
9	号筋	号筋	水平	中心线	否	无
10	号筋	号筋	水平	中心线	否	无
11	号筋	号筋	水平	中心线	否	无
12	实际踢面数	实际踢面数	水平	中心线	是	无
13	梯板类型	梯板类型	水平	中心线	否	无

6. 设置字段小数点位数

在【明细表属性】对话框➤"格式"选项卡➤"字段"列表中，选择需要修改"小数位"等设置的字段（"字段格式"项显示为可选），点击"字段格式"，弹出【格式】对话框，根据"字段"的特点对其"单位""舍入"等内容进行设置（如图 6.8-39 所示），然后单击"确定"。

通常大部分字段格式可直接采用系统推荐的项目设置，在需要进行单独设置时再进行调整，本演示案例中，"踏步高度"的字段格式如图 6.8-40 所示。

7. 修改明细表"外观"

明细表"外观"修改方式与柱明细表"外观"的修改方式相同，参见 6.5.3 节。楼梯明细表的最终效果可参考图 6.8-41。

图 6.8-39 【格式】对话框

图 6.8-40 "踏步高度"字段格式

1号楼梯梯板明细表													
梯板编号	梯板厚度h(mm)	踏步深度bs(mm)	高度Hs(mm)	级数m	踏步高度hs(mm)	跨度Ln(mm)	下部折板长度Lb(mm)	上部折板长度Lt(mm)	上部纵筋	下部纵筋	分布筋	梯板类型	备注
TB1-1	190	280	2700	18	150.0	4760	0	0	Φ8@100	Φ14@120	Φ8@150	AT	
TB1-2	190	280	2384	15	148.3	4290	0	0	Φ14@100	Φ16@100	Φ8@200	ATb	此梯段改放置1550mm
TB1-3	150	280	2067	13	148.3	3640	0	0	Φ8@200	Φ16@100	Φ8@200	ATb	此梯段改放置1550mm
TB1-4	150	280	2250	15	150.0	3920	0	0	Φ8@100	Φ12@100	Φ8@200	ATb	

图 6.8-41 楼梯明细表示例

6.9 坡道详图

6.9.1 坡道平面

1. 创建坡道平面

在"项目浏览器"中，双击打开包含了坡道的结构平面视图（如图 6.9-1 所示）。

图 6.9-1 "项目浏览器"打开结构平面视图

点击 Revit 菜单中的"视图"➤"创建"➤"详图索引"（如图 6.9-2 所示）。在 Revit 图形区用鼠标框选坡道平面区域（如图 6.9-3 所示）。

图 6.9-2 "详图索引"图符菜单

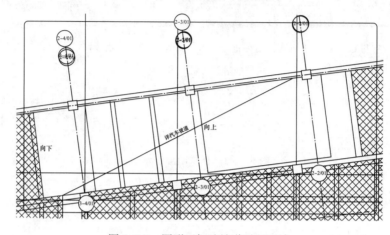

图 6.9-3 图形区框选坡道平面区域

"项目浏览器"中新增一平面视图（如图 6.9-4 所示）。双击该新增视图，Revit 图形区显示该平面视图（如图 6.9-5 所示）。可在【属性】对话框中修改"视图名称"，并将"图纸类型"修改为"坡道平面"。

图 6.9-4 "项目浏览器"新增平面视图

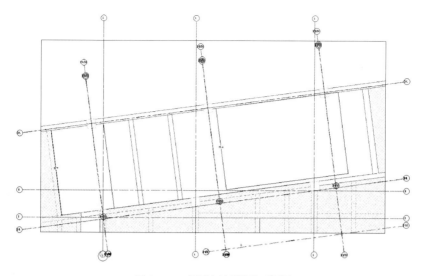

图 6.9-5 图形区新增平面视图

2. 旋转视图

点击裁剪区域（如图 6.9-6 所示），视图中出现视图控制框，点击菜单栏的"旋转"按钮（如图 6.9-7 所示）。

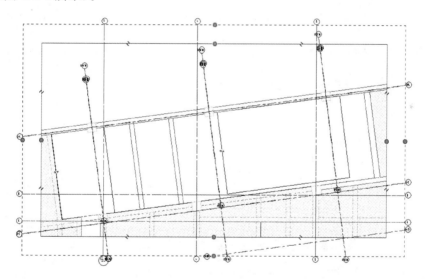

图 6.9-6 裁剪区域

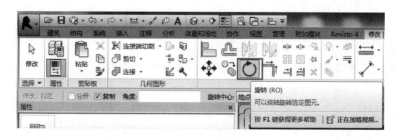

图 6.9-7 "旋转"图符菜单

在 Revit 图形区单击输入旋转起始线，或拖动，或单击旋转中心控制点，随后再单击输入旋转结束线，点击旋转前的方向（如图 6.9-8 所示）。需要注意的是，这里旋转的是视图框，而不是模型，所以感觉与 CAD 旋转命令的旋转方向是相反的。

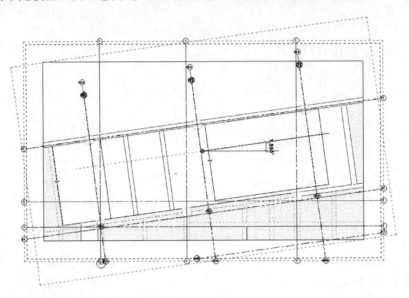

图 6.9-8　"旋转"命令操作中的坡道视图

旋转完成后，坡道平面视图如图 6.9-9 所示。

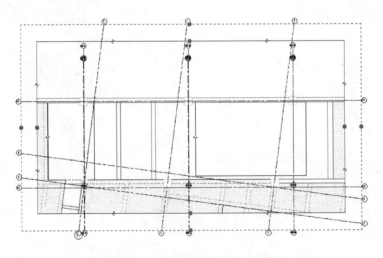

图 6.9-9　旋转完成后坡道平面视图

3. 隐藏楼层平面内容

当绘制楼梯、坡道等跨层构件时，有时需要按区域隐藏楼层平面内容，可按以下方式操作。

建立平面区域：单击 Revit 菜单中的"视图"➤"创建"➤"平面视图"➤"平面区域"（如图 6.9-10 所示），在 Revit 图形区框选平面区域，完成视图创建（如图 6.9-11 所示）。

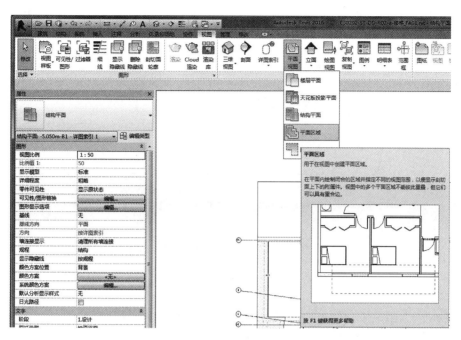

图 6.9-10 创建"平面区域"菜单

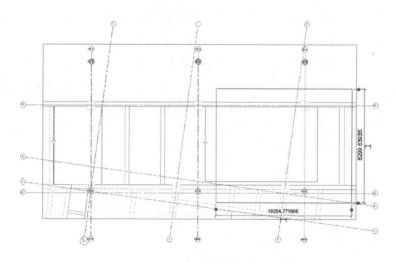

图 6.9-11 框选"平面区域"

设置"平面区域"的"视图范围":选中该平面区域,单击【属性】对话框中的"视图范围"的"编辑"按钮,弹出【视图范围】对话框(如图 6.9-12 所示)。如有影响表达的图元内容,可通过调整相关参数影响坡道平面视图的显示内容,将不必要的图元隐藏。

随后,与楼梯图类似,可以分别添加梁、板、柱编号,添加板配筋,添加板标高和各类

图 6.9-12 【视图范围】对话框

尺寸。完成后的坡道平面图，如图 6.9-13 所示。

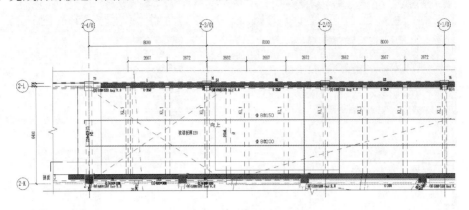

图 6.9-13　某项目坡道平面图

6.9.2　坡道剖面

坡道的剖面图绘制与楼梯图类似，主要有以下两处不同：

1. 转折标高标注

当需要标注坡道转折处的标高时，因 Revit 不能对交点进行标高标注，需要一个水平参照构件或线条。此时可按下述办法（绘制详图线）添加标高：单击 Revit 菜单的"注释"➤"详图"➤"详图线"图符（如图 6.9-14 所示），在 Revit 图形区绘制水平辅助线（如图 6.9-15 所示）。有了辅助线后，就可参考楼梯详图中相应部分标注标高。

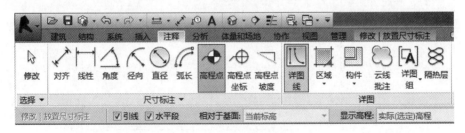

图 6.9-14　"详图线"图符菜单

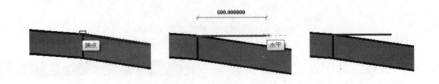

图 6.9-15　详图线绘制过程图

2. 修改坡道支承结构的标高

详图线可捕捉梁（墙）与坡道的交点并添加查询标高（如图 6.9-16 所示），随后，选取需要修改标高的墙，根据墙顶标高推算出墙的顶部偏移值，并在"属性"对话框中修改墙"顶部偏移"（如图 6.9-17 所示）。

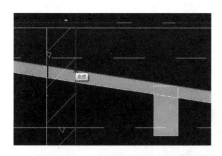

图 6.9-16　绘制详图线过程图

图 6.9-17　修改墙顶标高

完成各项标注后的坡道剖面图如图 6.9-18 所示。

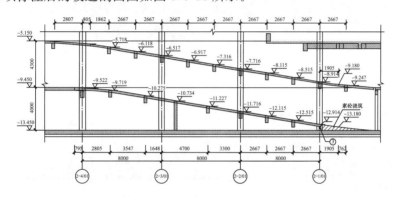

图 6.9-18　某项目坡道剖面图

6.10　图纸的创建与打印

Revit 中内置的图纸对象，与真实的图纸一致，可据此进行图纸创建和打印等管理。

Revit 中图纸主要由图纸内容、图名和图框组成（如图 6.10-1 所示）。其中，图纸内容根据需求添加，可选用视口、明细表和组等形式，图名根据用户填写的图纸名称生成，图框可根据需要选用特定的图框族。

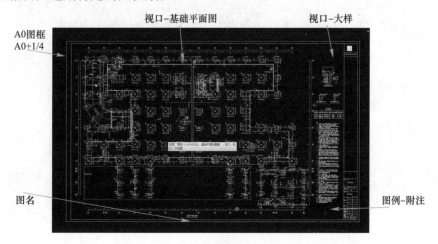

图 6.10-1　结构设计图纸的组成

6.10.1 创建图纸

进入项目浏览器，在"图纸（全部）"处点击鼠标右键，选择新建图纸，弹出【新建图纸】对话框（如图 6.10-2 所示）。

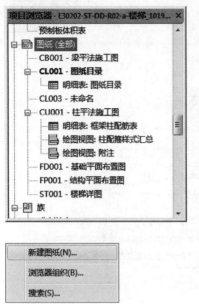

图 6.10-2 【新建图纸】对话框

根据图纸需要，选择图幅大小，点击"确定"，Revit 绘图区出现一个 CSWADI 空白图框（如图 6.10-3 所示）。

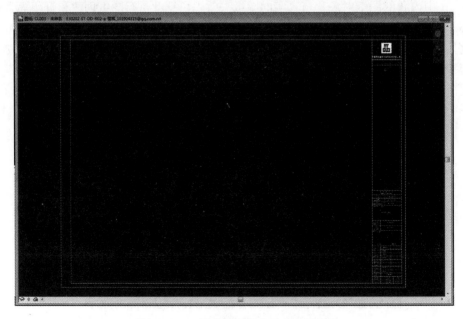

图 6.10-3 创建新图纸中的空白图框

找到需要布置到该图纸的视图（如：1. 设计➤剖面➤剖面：1 号坡道剖面），如图 6.10-4 所示，在视图名称上按下鼠标左键，将其拖放到刚建立的图纸上，如图 6.10-5 所示。

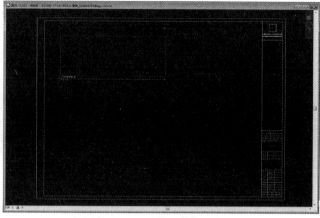

图 6.10-4 图纸布置时待选视图列表　　　　图 6.10-5 单个视图在图纸上的拖放

找到合适的位置后点击鼠标左键，该视图将布置在图纸的选定位置，如图 6.10-6 所示。

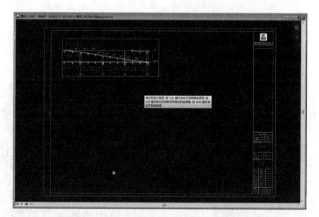

图 6.10-6 单个视图在图纸上的布置效果

以相同方式放置其他视图，如图 6.10-7 所示。

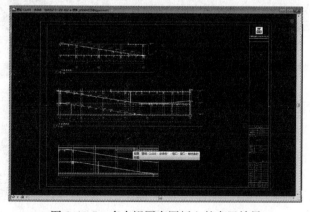

图 6.10-7 多个视图在图纸上的布置效果

同样的，可以通过项目浏览器继续放入图例、明细表等，如图 6.10-8 所示。

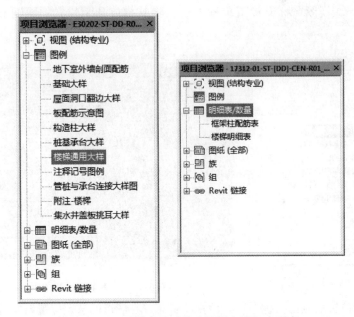

图 6.10-8 图纸布置时待选视图和明细表列表

其中图例用于放置标准大样、说明等固化内容，明细表用于放置柱表、梯板表等可列表内容。相关示例如图 6.10-9 所示。

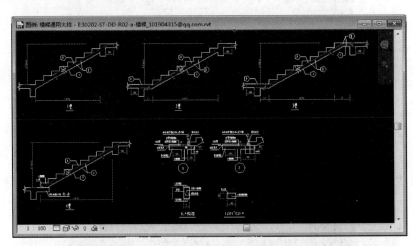

图 6.10-9 视图和明细表示例

附注主要通过两种方式添加在图纸中。对于通用附注，可直接在图框族中添加相应附注，使每张使用此类图框的图纸同时添加该附注（如图 6.10-10 所示）。此外，还可以直接在图纸中添加文字注释（如图 6.10-11 所示），注明相应附注。两种方式各有利弊，设计人员可按照企业设计习惯和附注要求选择使用。

图 6.10-10 图框族中添加附注　　图 6.10-11 图纸中直接添加附注

6.10.2 图纸组织

项目建立的所有图纸均在项目浏览器的图纸中列表显示，方便用户查询，点击其中任意一个图纸前的"＋"，即可展开该图纸具体的引用元素（如图 6.10-12 所示）。

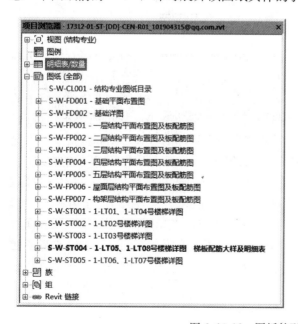

图 6.10-12 图纸的引用组成示例

　　每张图纸均拥有图号和图名两个属性，系统根据"图号"-"图名"的固定格式对图纸进行编号和管理，并按编号的字母顺序进行自动排序。在图纸上点击右键，选择重命名，可分别对图号和图名进行编辑，该图号和图名与图框上的对应信息保持一致（如图 6.10-13 所示）。

图 6.10-13　图纸的图名与图号

6.10.3　图纸打印

　　组织好的图纸可以进行打印，Revit 软件支持将图纸导回 CAD 打印或直接打印。工程实践表明，导回 CAD 后容易出现多线重叠、短线过多、线型混乱等问题，需要经过较多的整理工作才能满足 CAD 的出图要求。因此，推荐采用直接打印的方式出图，为便于成品电子图纸的管理，一般采用打印 PDF 的方式。

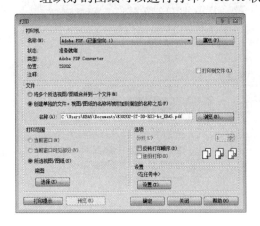

图 6.10-14　打印 PDF 设置示例

　　在主菜单中选择打印命令，弹出【打印】对话框（如图 6.10-14 所示）。在名称中可选择安装好的 PDF 打印机，在文件中可选择将多个图纸合并打印到一个 PDF 文件或者创建单独的 PDF 文件，由于单独的 PDF 文件后续可方便地合并，所以一般选择创建单独的 PDF 文件，以便管理。

　　在打印范围中可对拟打印的图纸进行设置，选择"所选视图/图纸"，点击"选择"按钮，弹出【视图/图纸集】对话框（如图 6.10-15 所示）。由于针对图纸进行打印，可在对话框中仅勾选"图纸"项，上方的列表会同步给出项目中所有的图纸。此时，可勾选本次拟打印的图纸，点击"确定"。由于项目设计中，会有多次打印的过程，为方便操作，可将不同的打印图纸列表保存为固定的图纸集，利用对话框右侧的"保存""另存为""恢复""重命名""删除"等按钮，可建立诸如"平面图""梁图""柱图"等不同的打印图纸集，方便多次打印时的快捷操作。此外，由于每次打印的图纸尺寸需保持一致，相同尺寸的图纸也可以建立相应的图纸集，便于按图纸尺寸分批打印。

　　在【打印】对话框中点击"设置"按钮，可调出【打印设置】对话框（如图 6.10-16 所示）。其基本内容与 CAD 打印设置类似，需要注意的是其中的"颜色"选项。若项目的三维出图标准支持彩色显示，可选择"彩色"项。若只支持黑白打印，应选择"黑白线条"项，此时应对填充中的线条设置半色调，否则淡显填充等内容均以纯黑打印，无法实现图纸表达效果。应慎重选择"灰度"项，此时所有彩色线条均会根据折算的亮度淡显打印。

图 6.10-15　选择图纸列表

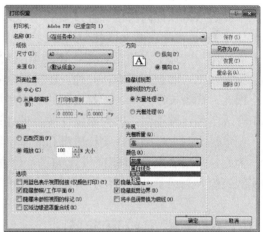

图 6.10-16　打印 PDF 详细设置示例

BIM 正向设计模型集成了项目设计者创建的所有信息，相对于传统 CAD 设计成果，设计信息分散在不同的二维图形中，要检查某些设计信息往往需要查看大量图纸，特别是对于复杂项目，一张平面被拆分为多个区域由不同设计人员分别设计，往往造成分界面的配合冲突，或重复表达，或无人表达，或表达冲突，校审工作量很大。有了 BIM 正向设计模型，不同区域可能仍由不同设计人员设计，但通过模型整合协同，模型中的问题变得非常清晰，不再需要翻阅大量的图纸查看问题所在。

校审传统 CAD 设计图时，为了查看一个楼梯间的实际布置情况，需要查看该楼栋的基础平面图（基顶标高与楼梯起步是否一致）、各层结构平面布置图（梁、板、墙、柱等的整体布置）、梁配筋图（梁截面尺寸）、剪力墙配筋图（剪力墙截面尺寸）；若该楼梯处于上部主楼与纯地下室的结合部，还需要查看纯地下室部分的下述图纸：各层结构平面图、梁配筋图、墙剖面图等；此外，还得看建筑图。

因此，作为校审人员，需要很强的空间想象能力，才能将众多离散的平面视图在大脑中组合成空间三维视图，以判断设计的合理性；然而遗憾的是，往往大部分设计图经过设计、校审仍出现大量问题，设计质量和效率不容乐观。

为此，需要利用 BIM 正向设计成果，建立一套提高校审效率的方法。本章结合作者的实践经验，总结了部分做法，可供广大校审人员参考。

7.1 BIM 模型校审准备

7.1.1 梳理 BIM 模型与图纸

对 BIM 模型进行校审，首先应具体梳理 BIM 模型与对应视图的组成。

以一个实际项目为例，该项目地下室部分被分解为：1 栋、2 栋、3 栋、纯地下室和坡道。

各部分的设计图又可进一步细分为：基础平面图、基础详图、平面布置图及配筋图、梁配筋图、剪力墙配筋图、楼梯详图。

7.1.2 建立校审视图

BIM 设计人员在设计时会建立部分视图，供设计时选用（如图 7.1-1 所示）。在进行校审工作时，可根据需要添加各类视图，以方便审查。若无经验，也可请 BIM 设计人员或 BIM 经理协助创建视图。"项目浏览器"的"视图"列表列出了当前项目创建的所有视图（如图 7.1-2 所示），可双击视图名称打开对应的视图。

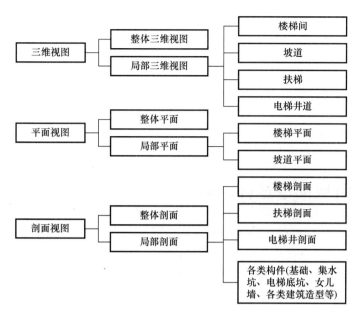

图 7.1-1 结构设计视图分类示意

图 7.1-2 项目视图组织示意

7.1.3 校审视图设置建议

BIM 协同设计集成了项目所有参与人的成果，为校审人员进行过程控制提供了方便。因此，需要建立各类合适的校审视图以监控设计的协同配合，进行过程校审，及时发现并纠正问题，避免事后因为校审问题造成大量修改甚至颠覆性的修改，提高设计质量和效率。

在容易出现设计错误的区域（如楼梯间、坡道、扶梯、电梯竖井、设备集中区域等）建立局部视图，方便随时查看这些部位的设计协同情况。

7.2 BIM 模型校审过程示例

本节以地下室挡土墙相关校审为例介绍 BIM 模型校审。

地下室侧墙的支撑条件直接关系着侧墙的计算与配筋，在正向设计中，可以方便地通过三维、立剖面等视图对侧墙支承条件进行检视，从而确定地下室挡土墙的实际支承情况，对侧墙的设计予以准确的校审。

1. 车道设置在外墙处时

图 7.2-1、图 7.2-2 显示了车道处地下室外墙的实际支承情况，经过检视发现，图中方框区域有楼层板和坡道板作为支承，可按三跨连续板计算配筋，其余部分仅有坡道板作为支承，可按两跨连续板计算配筋。在获取以上支承条件后，可据此对计算过程进行校审，检查计算简图及配筋结果是否满足实际的支承条件。

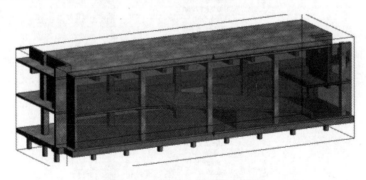

图 7.2-1 坡道临外墙处三维图

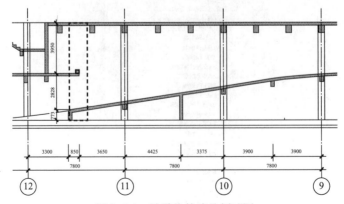

图 7.2-2 坡道临外墙处剖面图

2. 坡道板作为外墙水平支承时

当以坡道板作为地下室外墙的水平支承时，还应考虑坡道板是否能够将承担的水土压力有效地传递至其他构件。一种方式是传递给坡道板另一侧的墙或柱，另一种方式是将坡道板作为水平放置的深梁传递至车道顶面和底面的楼板或基础底板。

通过垂直坡道剖面（如图 7.2-3 所示），可以清楚看到，侧墙将自身承担的水土压力传给上下楼板以及坡道板，坡道板又将承担的水土压力传递给内侧的钢筋混凝土墙体，再传递给上下楼板或基础底板，并与地下室相对侧挡土墙传递给楼板的水土压力平衡。

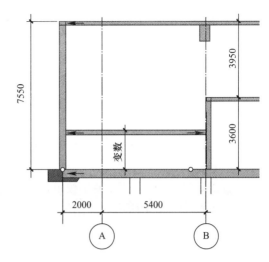

图 7.2-3　坡道临外墙处剖面图

3. 楼梯间设置在外墙处时

当楼梯间位于地下室外墙转角处时，挡土墙水平和竖向传力路径均欠佳。若将平台板作为外墙的水平支承，平衡平台板传递水平力的墙肢较短，不能满足作为支承的条件，建议根据计算需要调整墙肢长度，以满足水土压力的传递需要。确定好挡土墙的有效支承方式后，根据剖面图绘制挡土墙的支承条件图，如图 7.2-4、图 7.2-5 所示，可见支承条件较为复杂，宜采用有限元法或板带法对挡土墙进行计算分析。

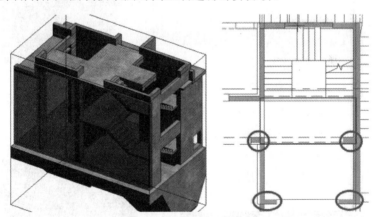

图 7.2-4　楼梯间设置在外墙处时示意图（一）

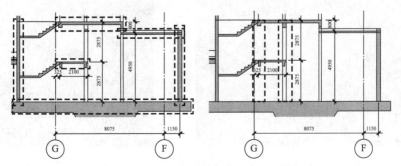

图 7.2-5　楼梯间设置在外墙处时示意图（二）

采用板带法时，可将图中的方框区域作为加强板带，并假定为挡土墙的支座，在此基础上进行荷载分配。

7.3 BIM 模型校审常见问题

以楼梯为例，在校审过程中常见问题有：楼梯间梯柱或梯梁与建筑门冲突，楼梯间净空尺寸不满足规范要求，滑动楼梯构造不合理、不能正常滑动，楼梯间构件布置与其他图纸不一致等。

此外，还有一些 BIM 模型校审过程中的常见问题，现分述如下。

（1）如图 7.3-1 所示，圆圈位置非实墙，应设置梯梁。

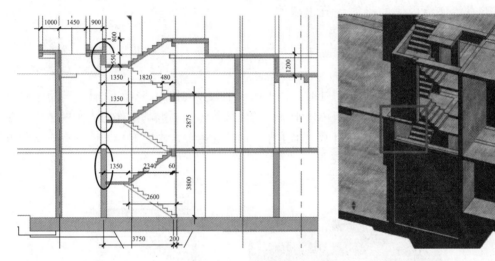

图 7.3-1 BIM 模型校审问题示例（一）

（2）如图 7.3-2 所示，楼梯间消防分区隔墙位置不对。

（3）如图 7.3-3 所示，楼梯剖面方向错误。

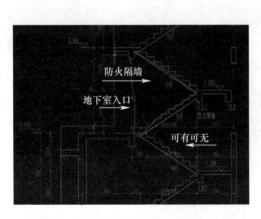

图 7.3-2 BIM 模型校审问题示例（二）

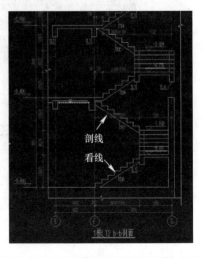

图 7.3-3 BIM 模型校审问题示例（三）

（4）如图 7.3-4 所示，地下室侧墙支承缺失。

坡道、楼梯间、设备管井等楼板缺失处，作为地下室外墙支承的条件不充分。

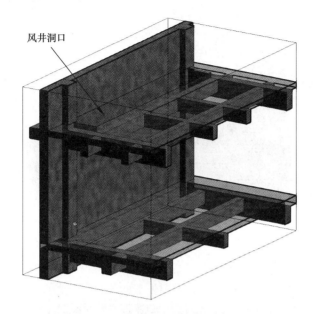

图 7.3-4　BIM 模型校审问题示例（四）

（5）如图 7.3-5 所示，电梯井道各层对不齐。

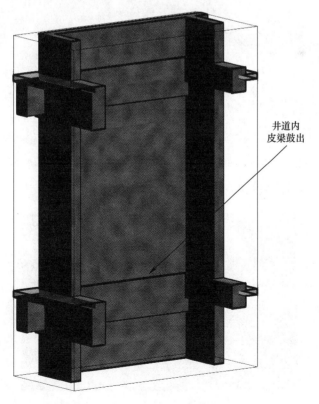

图 7.3-5　BIM 模型校审问题示例（五）

（6）如图 7.3-6 所示，墙厚调整应在有楼板等侧向支承处。

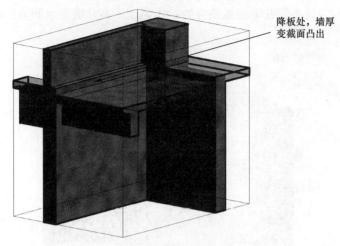

降板处，墙厚
变截面凸出

图 7.3-6　BIM 模型校审问题示例（六）

（7）斜板、坡道等空间关系复杂处，结构构件不闭合。常见的有：

① 人防车道与顶板间有空隙，需设墙封闭，如图 7.3-7 所示。

② 地下室顶板风井周围挡土墙不闭合，如图 7.3-8 所示。

图 7.3-7　BIM 模型校审问题示例（七）　　　　7.3-8　BIM 模型校审问题示例（八）

③ 地下室顶板斜板区域结构不闭合，如图 7.3-9 所示。

图 7.3-9　BIM 模型校审问题示例（九）

第8章

Revit 使用常见问题及处理方法

本章汇集了采用 Revit 进行结构 BIM 正向设计时常出现的问题及解决方法。这些问题的出现，有使用者对 Revit 的掌握不够全面，使用不够熟练的原因，也有 Revit 并非专业的结构设计软件，未提供符合中国规范及设计习惯的功能的原因。软件使用效率得不到提高，制约了结构 BIM 正向设计的推广应用。希望本章内容能为结构工程师提供帮助。

8.1 建模问题

1. 如图 8.1-1 所示，建立楼板时，降板 50 会自动变化为降板 100，需要如何处理？

答：标高偏移的单位是 mm，降板 50 应该填写为 -50，该问题产生的原因是将高度偏移设为 -0.05，而此处的精度为 0.1mm，因此自动变化为 -0.01。

标高	3.950
自标高的高度...	-0.1
房间边界	☑

图 8.1-1　问题 1 附图

2. 折板如何建模？

答：折板可以内建模型放样，或者以板＋梁（墙）＋板的形式建模。

3. 刀把梁如何建模？

答：刀把梁可以通过建立两根截面不同的梁来建模，也可自行创建刀把梁族。

4. 楼梯间、电梯间开洞，应该怎么处理？

答：各层楼板标高相等处采用一整块楼板建模称为大板，在每个支座围合区域处建楼板则称为小板；结构模型如果采用小板，开洞处可以不建板，如果是板上小洞，则可以直接编辑板轮廓；结构模型如果采用大板，直接编辑板轮廓即可。

5. 为了避免误操作，有什么类似于锁定图元的操作吗？

答：如图 8.1-2 所示，选中构件再点击锁定按钮 🔒 即可。

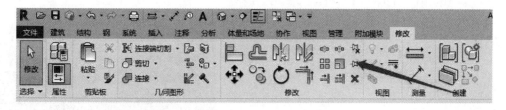

图 8.1-2　问题 5 附图

6. 项目浏览器与属性框不小心关掉了，如何打开？

答：视图空白处点击右键，可找到属性开关与浏览器，浏览器展开后即可找到项目浏览器开关。

图 8.1-3　问题 7
附图

7. 如何倒角？

答：如图 8.1-3 所示，点击倒角按钮，再点击需要倒角的两个构件。

8. 如图 8.1-4 所示，建立楼梯时楼梯平台生成栏杆，平台栏杆应如何取消？

答：将栏杆删除，重新建模。

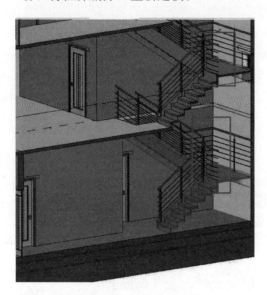

图 8.1-4　问题 8 附图

9. 如图 8.1-5 所示，面板变为简化版，如何修改为详细版？

图 8.1-5　问题 9 附图 1

答：如图 8.1-6 所示，点击面板切换按钮。

10. 如图 8.1-7 所示，内建模型工字钢不能对齐雨篷边缘，如何处理？

图 8.1-6　问题 9 附图 2

图 8.1-7　问题 10 附图 1

答：内建模型对齐的是工作平面，通过修改工作平面可以对齐边缘，也可以进入在位编辑器进行对齐（如图 8.1-8 所示）。

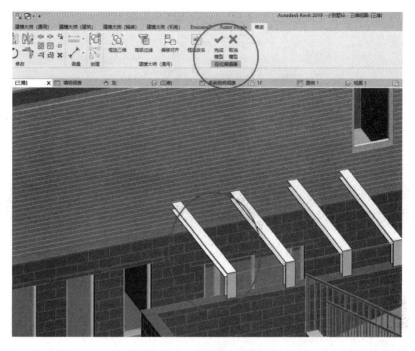

图 8.1-8　问题 10 附图 2

11. 如图 8.1-9 所示，建族时通过公式控制参数，提示参数不是有效参数，如何处理？

族类型
类型名称(Y)：长1000x宽1000x深1000
搜索参数

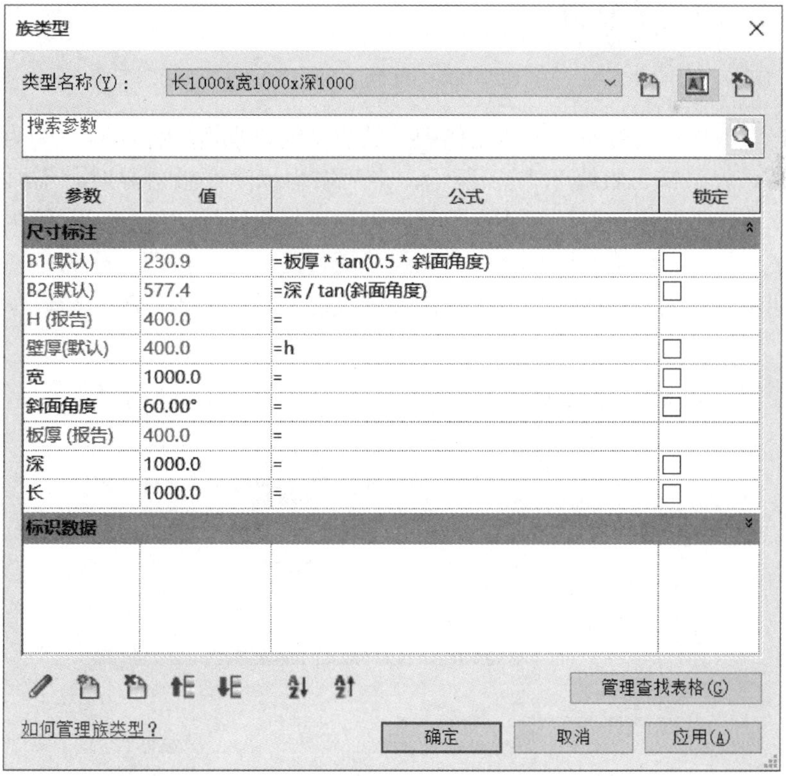

参数	值	公式	锁定
尺寸标注			
B1(默认)	230.9	=板厚 * tan(0.5 * 斜面角度)	
B2(默认)	577.4	=深 / tan(斜面角度)	
H (报告)	400.0	=	
壁厚(默认)	400.0	=h	
宽	1000.0	=	
斜面角度	60.00°	=	
板厚 (报告)	400.0	=	
深	1000.0	=	
长	1000.0	=	
标识数据			

管理查找表格(G)
如何管理族类型？
确定
取消
应用(A)

图 8.1-9　问题 11 附图 1

答：参数名称应区分大小写（如图 8.1-10 所示）。

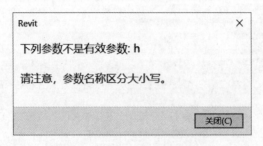

图 8.1-10 问题 11 附图 2

12. 报告参数标注出现如图 8.1-11 所示错误，如何处理？

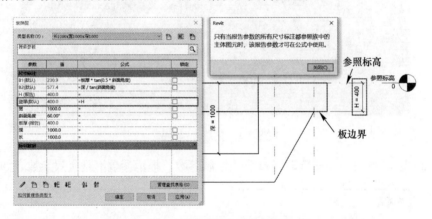

图 8.1-11 问题 12 附图 1

答：报告参数标注的对象应该是主体图元的模型线，本例中标注时一端为板边界，一端为参考标高，故出错。如图 8.1-12 所示，将两端均标注在板边界时，不再出问题。报告参数的作用有以下几点：在族间传递信息，例如可将系统族"结构板"的板厚信息测量出来供集水坑族使用；将族参数没有提供的尺寸通过测量方式获取，作为已知量代入公式中，也可供明细表使用。报告参数不能出现在公式的左端（即等号的左端）。

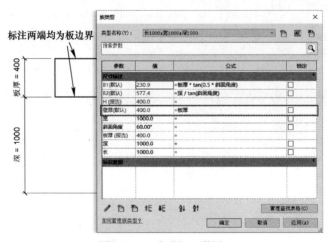

图 8.1-12 问题 12 附图 2

13. 建族时修改参数出现如图 8.1-13 所示错误提示，如何处理？

图 8.1-13　问题 13 附图

答：制作族时，应按以下次序操作：先绘制参考平面，对齐参考平面标注尺寸，然后关联参数，再修改参数公式，最后将模型线对齐参考平面并锁定。当先编辑公式，后关联参数时，可能出现问题中的警告。此时，只能将公式删除，先标注尺寸，关联好参数，再编辑公式。

14. 轮廓族只能与一个常规模型连接？如图 8.1-14 所示，轮廓族连接了条基就不能连接集水坑。

答：这是连接顺序的问题，如图 8.1-15 所示。

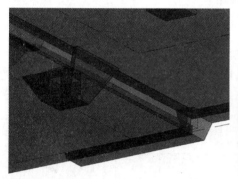

图 8.1-14　问题 14 附图 1

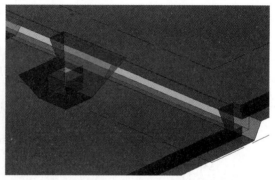

图 8.1-15　问题 14 附图 2

15. 如何实现几何形体参数化驱动？

答：（1）添加参数。本例希望创建一个在项目中使用时，各边可以自由拖拽的空心形状，故设置了长、宽、高三个参数，分别以"A""B""H"表示。各参数的属性相似，如图 8.1-16 所示，参数属性设置为"实例"参数，将允许通过拖拽造型操纵柄改变尺寸。参数添加完成后如图 8.1-17 所示。

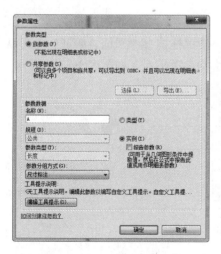

图 8.1-16　问题 15 附图 1

图 8.1-17　问题 15 附图 2

（2）绘制参照平面或参照线，并在参照平面间标注尺寸（如图 8.1-18 所示）。

（3）将尺寸标注分别与参数 A、B 关联（如图 8.1-19 所示）。

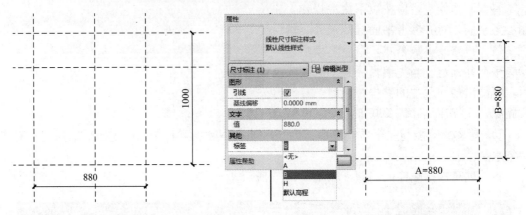

图 8.1-18　问题 15 附图 3　　　　　　　图 8.1-19　问题 15 附图 4

（4）绘制几何形体。以创建拉伸空心形状为例，如图 8.1-20 所示。

（5）选取空心形体，拖拽空心上的造型操纵柄与参照平面对齐并锁定（如图 8.1-21 所示）。

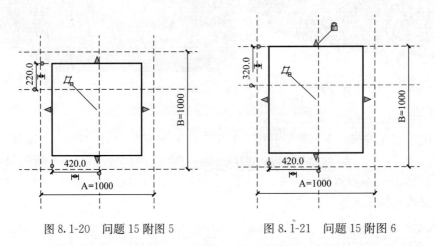

图 8.1-20　问题 15 附图 5　　　　　　　图 8.1-21　问题 15 附图 6

（6）完成其余边与参照平面的对齐和锁定，尝试拖拽参考平面，验证空心形状是否随参考平面的拖动而改变，然后转至立面视图，绘制参考平面（如图 8.1-22 所示）。

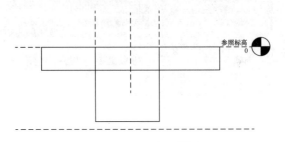

图 8.1-22　问题 15 附图 7

8.2　图纸问题

1. Revit 视图中容易出现各种多余的线条，需要如何处理？

答：大多数情况下，多余线条是构件未连接出现的重合线条或构件连接顺序不对产生的错误线条。此时，只要正确连接构件，就可以解决问题。如果构件正确连接后，在连接处仍有多余线条，则需要检查下两个构件的材质是否一致。少数情况下，因为软件原因产生的无法消除的多余线条，可以用隐藏线覆盖这部分线条。

2. 降板区用过滤器填充后，如果板线在梁中，会出现梁只有一半被填充的情况，需要如何处理？

答：第一种方法是将板边界拉到梁边，覆盖住全梁；第二种方法是在过滤器中添加降梁填充，与降板填充对应。

3. 降板区用过滤器填充后，梁有一半被填充覆盖，但是梁并没有和板一起降标高，需要如何处理？

答：这种情况多是由于板和梁未连接引起的，将板和梁正确连接就可以解决。

4. 图 8.2-1 中的视图深度如何理解？

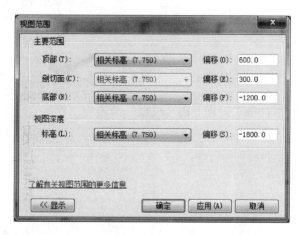

图 8.2-1　问题 4 附图

答：顶部与视图深度可以理解为模型范围，剖切面与底部可以理解为剖切范围，剖切范围必须在模型范围内。即顶部为剖切面能选择的最高标高，剖切面为剖到的部分，底部为能看到的最低标高，视图深度为底部能选择的最低标高。

5. 出图的时候选了 A2 的图纸，后面想加长图纸（A2＋1/4），如何修改？

答：直接替换图纸族类型即可。

6. 模板图应用样板属性之后，梁线和轴网都不见了，如何处理？

答：检查视图样板是否关闭了梁线与轴网。

7. 画剖面图时，剖切视图中有我们不需要表达的多余图元，如何处理？

答：多余图元需要手动点击隐藏。

8. 用剖切视图画完一处大样，其他多处大样为同一类大样，但剖切符号与剖切视图名称一一对应，如何处理？

答：其他同类大样处的符号可用详图符号表达，不需要再次剖切。

9. 实际尺寸为 1552，但标注尺寸却为 1550，如何处理？

答：检查尺寸标注族的精度。

10. 如图 8.2-2 所示，立面看到的东西是淡显，如何处理？

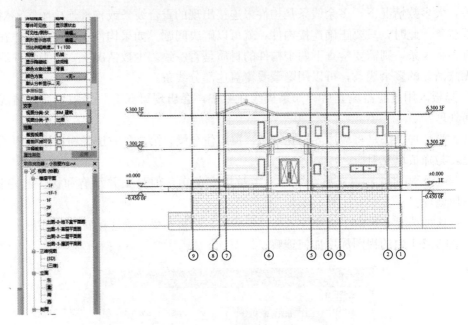

图 8.2-2　问题 10 附图 1

答：如图 8.2-3 所示，将"规程"由"机械"修改为"建筑"。

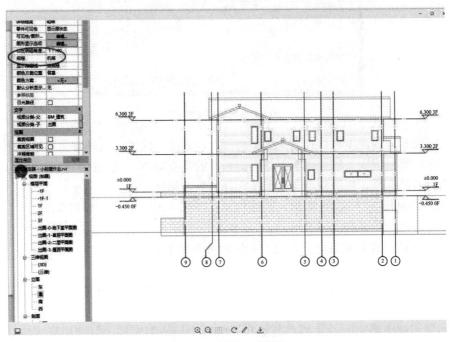

图 8.2-3　问题 10 附图 2

11. 如图 8.2-4 所示，2F 楼层视图中显示了 1F 的构件，如何处理？

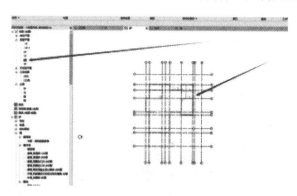

图 8.2-4　问题 11 附图

答：在"视图属性"中，关闭 1F 的基线。

12. 如图 8.2-5 所示，立面图变为透明模式，如何处理？

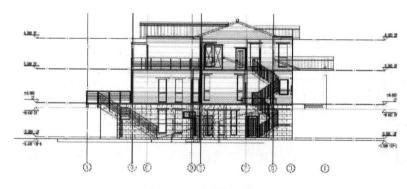

图 8.2-5　问题 12 附图

答：将线框模式改成隐藏线。

13. 如图 8.2-6 所示，将视图放入图框时，视口比例 1：50 时放不进图框，视口比例 1：100 时字大小又不对，如何处理？

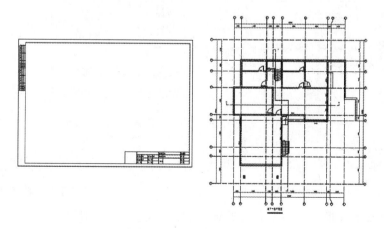

图 8.2-6　问题 13 附图 1

答：注意视图比例是否正确，也可以选择修改字体大小（如图 8.2-7 所示）。

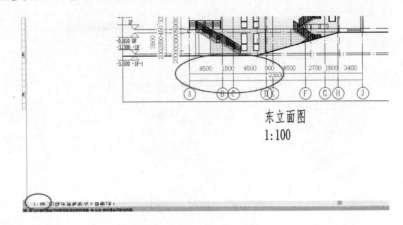

图 8.2-7　问题 13 附图 2

14. 如图 8.2-8 所示，平面视图有轴线，出图模式怎么看不见轴线，如何处理？

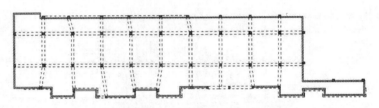

图 8.2-8　问题 14 附图 1

答：样板关闭了轴线，在样板中选择替换注释（如图 8.2-9 所示），找到轴网并打开（如图 8.2-10 所示）。

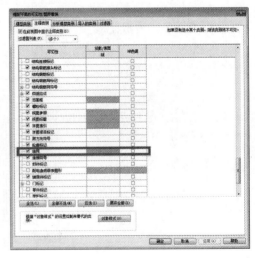

图 8.2-9　问题 14 附图 2　　　　　图 8.2-10　问题 14 附图 3

15. 如图 8.2-11 所示，创建了柱明细表却没有内容，如何处理？

答：Revit 柱分为柱与结构柱，此处应统计结构柱明细表。

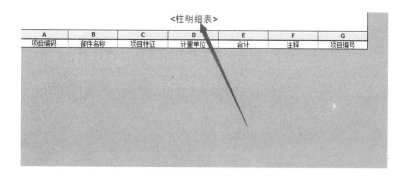

图 8.2-11　问题 15 附图

16. 如图 8.2-12 所示，基础底部存在多余平面，影响图面表达，如何处理？

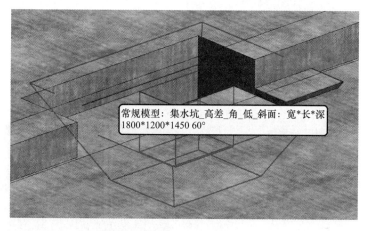

常规模型：集水坑_高差_角_低_斜面：宽*长*深
1800*1200*1450 60°

图 8.2-12　问题 16 附图 1

答：（1）在多出来的上表面放置空心形状，如图 8.2-13 所示。

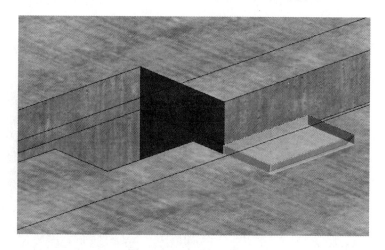

图 8.2-13　问题 16 附图 2

（2）转至平面视图，选中空心形状，拖拽各边至与多出来的形体重合，如图 8.2-14、图 8.2-15 所示。

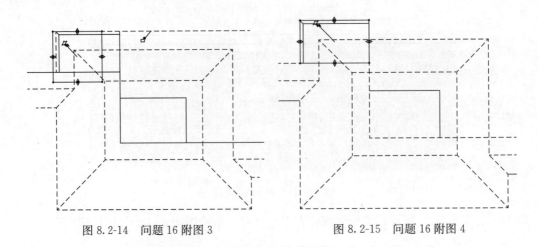

图 8.2-14　问题 16 附图 3　　　　　　　　图 8.2-15　问题 16 附图 4

（3）调整空心形状的高度与多余形体的高度一致，对集水坑采用空心形状进行剪切（如图 8.2-16 所示），完成后效果如图 8.2-17 所示，满足了视觉及设计制图要求。

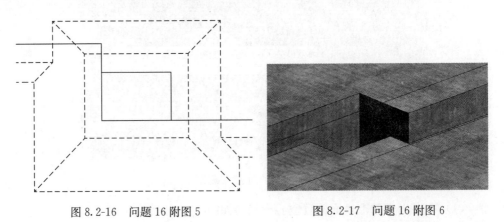

图 8.2-16　问题 16 附图 5　　　　　　　　图 8.2-17　问题 16 附图 6

17．如图 8.2-18 所示，基础与集水坑连接后的裁剪关系不满足设计要求，如何处理？

答：构件的材料不一致，可导致连接后的裁剪关系不满足设计要求。将材质修改一致后，效果如图 8.2-19～图 8.2-21 所示。

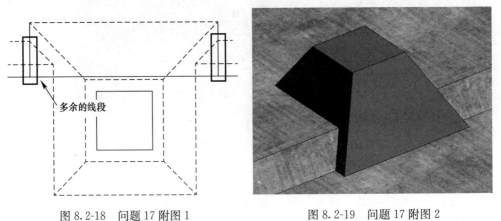

图 8.2-18　问题 17 附图 1　　　　　　　　图 8.2-19　问题 17 附图 2

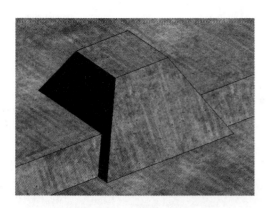

图 8.2-20　问题 17 附图 3

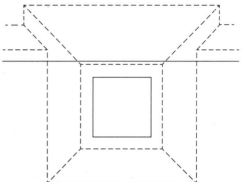

图 8.2-21　问题 17 附图 4

根据笔者的实践，Revit 提供的结构 BIM 正向设计施工图功能较弱，往往需要耗费大量时间。因此，本章推荐部分常用商业插件，笔者也开发了一套结构正向设计软件产品 EasyBIM-S，供结构设计人员参考。

9.1 BIM 软件概况

市面上常见的 Revit 结构正向设计辅助软件主要有 PDST、探索者、YJK 等。辅助软件主要用于将计算模型导入 Revit 并进行结构施工图绘制，具体功能包括计算模型导入 Revit，生成平面模板图，与计算模型对应进行增量更新，梁板柱墙构件图生成与修改后的校审，三维钢筋生成与钢筋统计，基础模型导入与基础模板图生成等。

9.1.1 PDST 概况

根据 PDST 官网介绍[13]，PDST（Structure Draft In Plant Design）是基于 Revit 结构三维模型的手工绘图、自动成图，以及基于图面数据进行钢筋算量的整套系统。

PDST 采用开放的操作模式，支持 Revit 平台原生操作：如对模型或图面标注的复制、粘贴，平移、旋转、撤销等；支持用户在图面进行类似 AutoCAD 中绘图的操作；同时，提供图面校核功能，可随时检查错误并列出，双击错误提示信息即可定位图纸对应的出错位置。图面校核不仅能检查图面标注的多、缺、错，更能结合计算书、规范要求检查配筋是否满足计算和构造要求。

PDST 能对结构施工图图面设计结果的数据做完整的分析，将数据用于钢筋算量、三维钢筋显示、与其他算量软件对接、与轻量化平台对接等后续应用。

PDST 3.0 主要功能有：

1）数据接口

包括 PKPM、YJK、SAP2000、MIDAS、STAAD. Pro 等（具体以软件为准）计算软件数据到 Revit 的导入接口；Revit 模型输出接口；计算书导入接口等。

2）模型处理

包括模型方面一些便捷性的功能，补充或增强 Revit 模型编辑功能的不足。

3）上部结构施工图出图

包括模板图、剖面图、梁平法图、框架柱平法图、剪力墙施工图、楼板平法图、楼板配筋图。其中，剪力墙施工图支持自动将框架柱按框架柱平法图表达；图纸支持自动成图，手工画图，或者二者结合的方式画图。

4）校核

包括图面校核、配筋校审、计算书校对。

5）钢筋算量

包括构件三维钢筋显示、节点构造算量、构件钢筋明细表、钢筋统计报表等功能。

PDST 基于以上功能完成上部结构各类构件的配筋出图，以及基于 BIM 数据的钢筋算量。

9.1.2　探索者概况

根据探索者官网介绍[14]，探索者推出的"探索者全专业正向 BIM 设计系统〔BIMSys.〕"，以私有云平台及三维协同管理平台为支撑，通过"三维设计、二维表达"的理念，贯穿全专业的建模、设计、计算、出图、应用正向 BIM 设计全流程。探索者为设计院的 BIM 发展提供软硬件及协同管理平台的一体化部署方案。提供全专业（建筑、结构、水暖电）、全流程（建模、计算接口、设计、出图、算量、应用）、一站式（培训服务、标准制定、项目咨询）正向 BIM 设计应用解决方案。

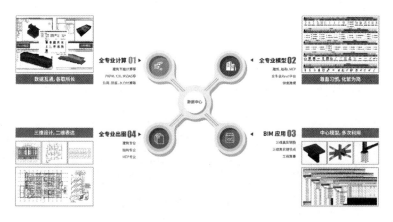

图 9.1-1　探索者全专业 BIM 设计软件

9.1.3　Revit-YJKS 概况

根据盈建科官网介绍[15]，为了解决结构设计信息在 Revit 中传递的技术瓶颈，基于自身的技术优势，YJK 推出了基于 Revit 的三维结构设计软件 Revit-YJKS。从模型信息、模板标注、结构配筋施工图、创建三维钢筋等方面给出了全套解决方案。

Revit-YJKS 产品主要分为结构模型、计算信息、施工图三个部分的内容，实现了模型几何定位、结构计算信息、构件钢筋信息、施工图绘制以及三维实体钢筋的数据传递和共享（如图 9.1-2、图 9.1-3 所示）。

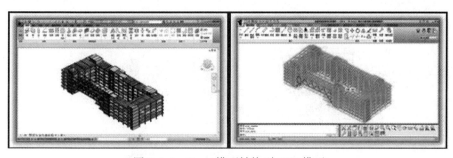

图 9.1-2　Revit 模型转换到 YJK 模型

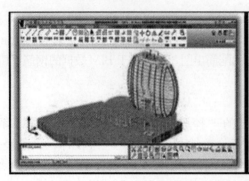

图 9.1-3　YJK 模型转换到 Revit 模型

9.2　EasyBIM-S

EasyBIM-S 软件是中国建筑西南设计研究院有限公司数字创新设计研究中心研发的 BIM 数字化设计软件，是对 BIM 设计、探索过程中积累的经验和方法的沉淀。当前主要包含结构平面、节点详图、楼板施工图、墙柱施工图、梁施工图等模块，其主界面菜单如图 9.2-1 所示。

图 9.2-1　EasyBIM-S 软件主界面菜单

9.2.1　结构平面模块

EasyBIM-S 结构平面模块的特点是可高效、准确地将结构计算模型导入为 Revit 模型，目前支持结构常用计算软件 PKPM、YJK、ETABS 以及西南院自有的企业数据标准 SIM 的导入。

软件可以建立结构计算模型与 Revit 模型的路径关联。同时，提供了丰富的模型编辑功能，帮助设计人员快速完成模型的调整与细化。相关界面如图 9.2-2～图 9.2-5 所示。

图 9.2-2　EasyBIM-S 软件平面模块主界面菜单

图 9.2-3　EasyBIM-S 软件计算关联功能

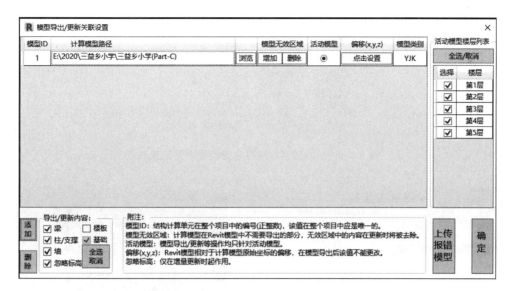

图 9.2-4 EasyBIM-S 软件模型导入与关联设置

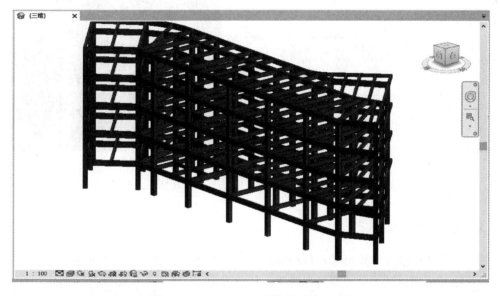

图 9.2-5 EasyBIM-S 软件模型导入效果

9.2.2 节点详图模块

将结构附属构件抽象为混凝土翻边、混凝土吊板和混凝土挑板等基本部件，任何复杂的节点均由这些基本部件组合而成，以数据库的方式对混凝土节点的数据进行管理，通过节点库设计人员可以自由组合出任意形状的节点，并快速地将该节点布置到 Revit 模型中完成节点构件的建模。同时，通过节点库可以对所有布置到 Revit 模型中的节点进行管理，当节点需要调整和修改时，只需对节点库中的节点进行调整，Revit 模型中布置好的节点则自动根据节点库的变动进行调整。在 Revit 中将节点布置完成后，EasyBIM-S 可自动搜索每个布置好的节点的周边情况，并自动完成节点配筋详图的绘制。相关界面如图 9.2-6、图 9.2-7 所示。

图 9.2-6　EasyBIM-S 软件节点模块主界面菜单

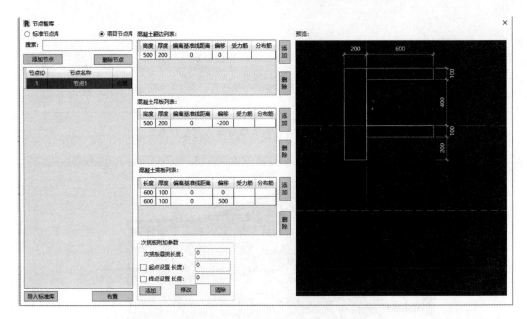

图 9.2-7　EasyBIM-S 软件节点智库编辑

9.2.3　楼板施工图模块

软件可以读取楼板计算结果，自动完成楼板配筋图的绘制。同时，提供丰富的编辑功能，可快速完成楼板配筋图的调整和修改。相关界面如图 9.2-8～图 9.2-10 所示。

9.2.4　墙柱施工图模块

EasyBIM-S 软件可以一键完成剪力墙边缘构件的拆分、布置以及详细的尺寸标注。采用完全参数化的边缘构件族，可以自动完成边缘构件详图的绘制。相关界面如图 9.2-11～图 9.2-13 所示。

图 9.2-8　EasyBIM-S 软件板配筋模块主界面菜单

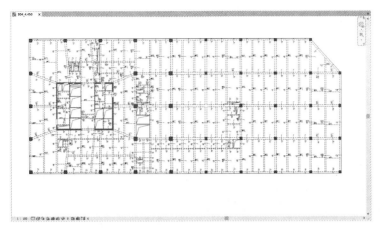

图 9.2-9　EasyBIM-S 软件板配筋自动生成效果（一）

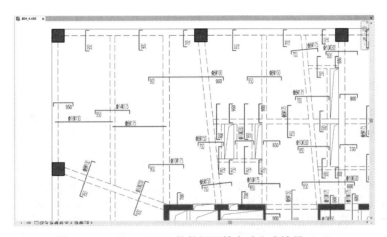

图 9.2-10　EasyBIM-S 软件板配筋自动生成效果（二）

图 9.2-11　EasyBIM-S 软件剪力墙配筋模块主界面菜单

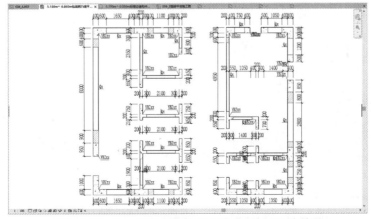

图 9.2-12　EasyBIM-S 软件剪力墙平面布置生成效果

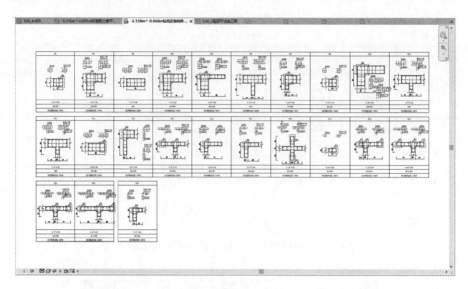

图 9.2-13　EasyBIM-S 软件剪力墙边缘构件生成效果

9.2.5　梁施工图模块

EasyBIM-S 软件可以自动读取软件计算结果，一键完成梁平法施工图的绘制。相关参数以配筋倾向表的形式录入，可以最大限度地匹配用户的配筋习惯，减少自动生成梁图后的人工干预。相关界面如图 9.2-14～图 9.2-16 所示。

图 9.2-14　EasyBIM-S 软件梁配筋模块主界面菜单

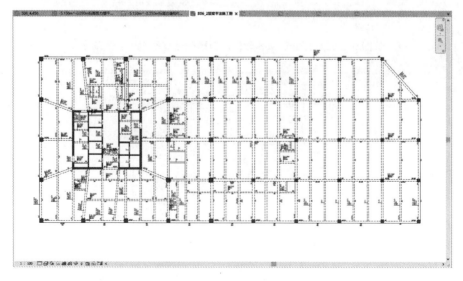

图 9.2-15　EasyBIM-S 软件梁配筋图自动生成效果（一）

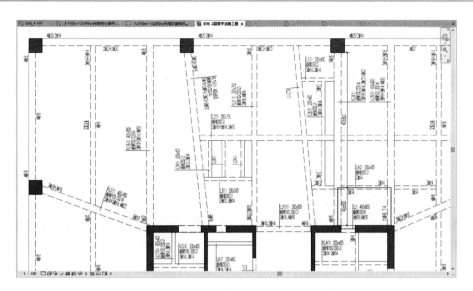

图 9.2-16 EasyBIM-S 软件梁配筋图自动生成效果（二）

附录 A　高级结构族创建示例——楼梯

A.1　简介

采用 Revit 进行结构设计时，结构构件如梁、板、柱、剪力墙、基础、梯板等，结构系统如屋架、桁架、网架等，以及详图、注释、钢筋标注等都可利用族工具创建。族将结构构件、结构系统的几何拓扑关系及相关的非可视化信息集成在一起，并使其产生联动或参数化驱动，保证几何形态与关联信息保持一致，减少人工维护工作量，提高设计效率和设计质量。

相同几何外形的 Revit 族，由于适用性、便捷性的不同，在制作难度、花费时间方面有极大差异。适用范围广、参数驱动能力强的族，制作过程往往极为烦琐。本章以楼梯族为例，为读者展示一些复杂嵌套族的制作思路。

本例基于 Revit 2016 软件进行演示。族编辑器界面如图 A.1-1 所示。

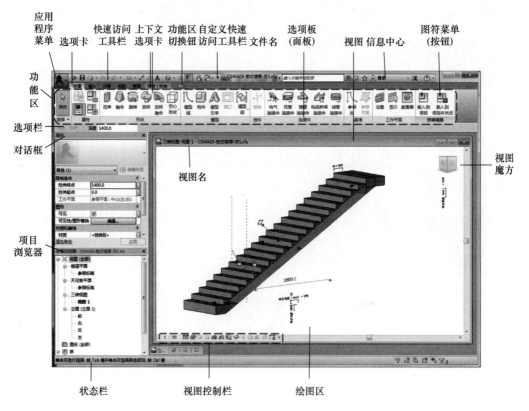

图 A.1-1　族编辑器界面

A.2   需求分析及可行性研究

A.2.1   板式楼梯梯板形态分析

Revit 中自带有楼梯族，但在结构设计过程中，需要额外添加参数信息，并形成明细表，以表达具体构件的界面尺寸、配筋、编号等信息。而通过自建的板式楼梯族，可预先嵌入以上参数，并利用公式编辑功能，直接按规范要求完成结构计算和钢筋设置，从而进一步提升设计效率。

在创建板式楼梯梯板族前，应先对梯板的几何形态进行分析，找到梯板的几何拓扑特点，以进行下一步模型创建工作。

如图 A.2-1 所示，梯板一般分为几何相似的 5 个部分：踏步、斜板、上部平段、过渡段、下部平段（滑板支座）。一般梯段部分是不能缺少的，而上部平段则可能有以下几种形态：过渡段＋上部平段、仅有过渡段（没有上部平段）；下部平段则可能有以下几种形态：带平直段的下部平段、无平段的下部平段、滑板支座（没有下部平段时）。

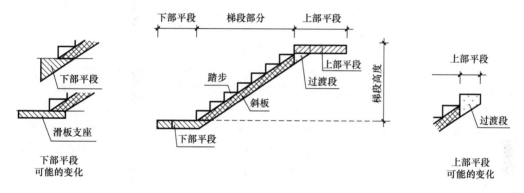

图 A.2-1   梯板剖面几何形态分析图

如图 A.2-2 所示，也可将梯板分为 2 个部分：踏步、斜板（含上部平段、下部平段、滑板支座），形态与前述类似。

A.2.2   需求分析及可行性研究

一般来说，对梯板这类等宽的实体，可采用 Revit 的"拉伸"方式来建模，即通过创建拉伸模型的截面来形成实体。创建拉伸截面时，截面的各部分是通过线段、弧线等组成的封闭形状构成的。需注意，Revit 不允许线段长度为 0（实际上不能小于 1）。

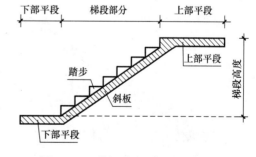

图 A.2-2   梯板平面几何形态分析图

下面通过一个示例来测试 Revit 拉伸模型的参数化形变能力（图 A.2-3）：当将参数"上部平段长"修改为 0 或 316～317 时，均出现图 A.2-4 所示的出错信息。这是因为当参数"上部平段长"为 0 或 316～317 时，该形体上部或下部平段长度等于 0 或 1，导致模型无法生成而出错。参数"上部平段长"取其他数值时，该形体工作正常。

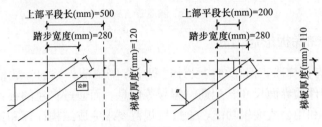

图 A.2-3　"拉伸"体几何形变能力测试

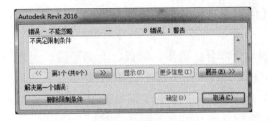

图 A.2-4　出错信息

通过上述示例分析，Revit 拉伸截面的变换能力是有限的，只能变换为相似的几何形状；梯板、上部平段或下部平段在实际使用中均可能变换为不相似的几何形状，因此，需要采取一些几何组合手段进行技术处理，使几何变换成为可能。这里研究以下两种方案的可行性：

（1）将梯板拆分为几何相似的多个部分（拆分的好坏直接影响模型适应变换的能力）。

（2）采用"实心拉伸"和"空心形状"的组合，来进行几何形状的非相似变换。

第（1）种方案中，当梯板不需要某个几何形状时，例如梯板没有上部平段时，需要让上部平段及过渡段消失，因构成几何形状的线段长度不能为 0，因此通过修改参数尺寸来让几何形状消失的办法不可行。

还有一个办法是在需要时将过渡段及上部平段的"可见性"设置为"否"，此时会造成：当为了消除梯段、过渡段及上部平段之间的分界线（面）时，需要将梯段和过渡段及上部平段进行连接，否则未经连接的梯板会有很多多余的线段，不符合制图规范的要求（图 A.2-5）。但此时将过渡段或上部平段的"可见性"设置为"否"时，整个梯段都将不可见，所以仍然不可行。

因此，只使用"实心拉伸"建模是不能满足要求的，必须组合采用"空心形状"进行建模。

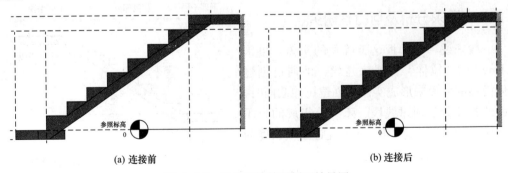

(a) 连接前　　　　　　　　　　　　　　　　(b) 连接后

图 A.2-5　梯板连接前后剖面效果图

由此可见，最终还是必须采用第（2）种方案，是否对梯板进行拆分并不是关键。下面，对各个拆分形体进行详细分析。

1. 踏步

需求分析：踏步是沿一定坡度首尾相接并按规律排列的构件，其数量可按需要变化。踏步尺寸如高度、宽度、长度（即梯段宽度），以及踏步数量等均可按要求实现参数驱动。踏步高度不能超过规范规定，且一般不低于 150mm；踏步宽度一般为 280mm、300mm 等；单跑楼梯踏步数量一般不超过 18 步。不符合上述要求时，应能提供警告信息。

可行性分析：单个踏步可采用 Revit 的"实心拉伸"功能创建，并采用"阵列"功能形成踏步组。其踏步尺寸如高度、宽度、长度（即梯段宽度），以及踏步数量等可分别与梯板相关参数相关联，踏步定位可采用与参照平面"对齐"并锁定，或在踏步之间及踏步与参照平面之间进行尺寸标注，并将尺寸标注值标签为对应的梯板参数，实现参数驱动。

对于踏步有两种几何拆分方式，如图 A.2-6 所示。

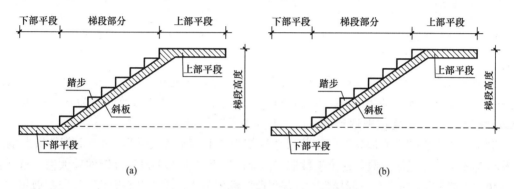

图 A.2-6　梯板踏步拆分方式对比图

经过测试，图 A.2-6（b）所示方案，当踏步数大于等于 15 时，最后一个踏步采用"空心形状"裁剪时将出错（图 A.2-7），故不能采用这种拆分方式。

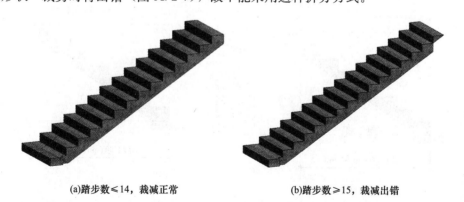

(a)踏步数≤14，裁减正常　　　　　　(b)踏步数≥15，裁减出错

图 A.2-7　梯板踏步不能正常裁减

注意：Revit 在阵列时，其阵列数量不能小于 2，否则将出现如图 A.2-8 所示的错误提示，模型无法生成。故楼梯踏步采用图 A.2-6（a）所示方案拆分时，踏步数量不能小于 3，使用该族时应注意这个限制条件。

2. 斜板

斜板的形体为简单的相似几何形体，没有特殊的形变要求，这里不作进一步分析。

3. 上部平段

需求分析：上部平段的长度、宽度、厚度可按要求实现参数驱动，上部平段的过渡段下部斜面应与斜板下部斜面角度一致并对齐，且可实现没有上部平段的情况。

可行性分析：上部平段及过渡段均可采用 Revit 的"实心拉伸"功能创建，其长度、宽度、厚度可分别与梯板的相关参数关联，定位可分别与梯板面或"斜板"底面的参照平面"对齐"并锁定，实现参数驱动；但要实现没有上部平段的情况，不能通过将其尺寸设置为 0 的方式，这将导致如图 A.2-9 所示的错误。

图 A.2-8　错误信息　　　　　　　　图 A.2-9　错误信息

故要实现没有上部平段的情况，还得考虑其他途径。通过测试，"空心形状"能满足这一要求，有了"空心形状"，就不需要将"上部平段"的尺寸参数修改为 0 了，可通过修改"空心形状"的定位来达到裁剪掉"上部平段"的目的。

比如，可以将"空心形状"的定位尺寸标签为"上部平段尺寸"，而"上部平段"的尺寸标注标签为一个过渡参数，这个参数取"700mm"及"上部平段尺寸"的较大值，这样就能避免"上部平段尺寸"为 0 时导致"上部平段"模型出错，而"空心形状"又能裁剪掉"上部平段"，形成"上部平段"消失的效果。图 A.2-10 显示了采用"空心形状"裁剪的效果。

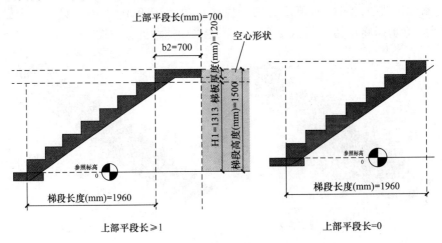

图 A.2-10　"空心形状"裁剪前、后对比图

4. 下部平段

需求分析："下部平段"横截面的外形随着"下部平段长度"的不同呈现为两种形状：倒梯形或三角形，当"下部平段长度"不大于踏步宽度时，"下部平段"的横截面为三角形，否则为倒梯形。"下部平段"的厚度、长度、宽度应能够通过参数驱动，其斜面应与斜板下部斜面角度一致并对齐，且可实现没有下部平段的情况（如滑动楼梯）。

可行性分析："下部平段"可采用 Revit 的"实心拉伸"功能创建，但要实现倒梯形与三角形的转换是不行的，可采用近似的方法，将倒梯形的下边长度设置为很小的数值，近似为三角形，这个办法不会影响定位和尺寸标注，因为在实际项目中不会以梯板斜板下沿作为定位点或尺寸标注点。当然，对计算梯板的混凝土用量有非常小的误差。如果梯板宽 2000mm，梯形模拟三角形的误差 1mm×2mm，则少掉的混凝土用量＝2000×1×2＝4000mm^3，若混凝土单方造价 400 元，则 4000×10^{-9}×400＝1.6×10^{-3}元＝0.16 分。

"下部平段"的长度、宽度、厚度可分别与梯板的相关参数相关联，定位可分别与梯板面或"斜板"底面的参照平面"对齐"并锁定，实现参数驱动；但要实现没有"下部平段"的情况，采用与"上部平段"相同的办法会出现问题，"空心形状"不但裁剪掉了"下部平段"，也同时裁剪掉了"滑板支座"，没有达到需要的效果，需要另辟蹊径。

这里再回顾一下让某个构件消失的 3 个办法：

(1) 将"可见性"设置为不可见；

(2) 将厚度尺寸设置为 0；

(3) 使用"空心形状"裁剪模型。

办法 (1) 是肯定不行的；办法 (2) 将整个构件的厚度设置为 0 肯定也是不行的，要出错；但是是否可以将"下部平段"的厚度建得比正常厚度厚一些，增厚的部分设置为高于板面的部分，再通过将板面以下部分厚度设置为 0，板面以上部分采用"空心形状"裁剪的办法，来达到使"下部平段"消失的目的？

经测试，采用上述办法可以达到预期目标，如图 A.2-11 所示。

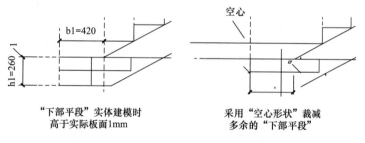

图 A.2-11　裁减"下部平段"方案图

细心的读者可能注意到"空心形状"并未裁减掉所有的"下部平段"，还有部分与"斜板"相交的"下部平段"未被裁减，是否会影响混凝土用量的计算呢？经验证，因为"下部平段"与"斜板"连接后，重合部分已经合并，不会重复计算体积，故不会影响混凝土用量的计算。

A.3　创建板式楼梯梯板族

A.3.1　选择族样板

在开始创建族之前，需要选择合适的族样板。选择不同的族样板，会生成不同特性的族。考虑到"梯板"的特性，这里选用"公制常规模型"进行梯板族的创建工作。

单击 Revit 界面左上角的"应用程序"菜单➤"新建"➤"族"（如图 A.3-1 所示）。

在弹出的【新族-选择样板文件】对话框（如图 A.3-2 所示）中选择"公制常规模型.rft"，单击"打开"。

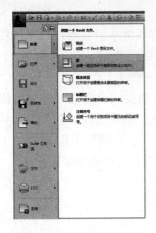

图 A.3-1　新建"族"菜单　　　　　　图 A.3-2　【新族-选择样板文件】对话框

进入族编辑器界面后，Revit 绘图区如图 A.3-3 所示，"项目浏览器"中显示当前视图为"楼层平面"➤"参照标高"（图 A.3-4）。

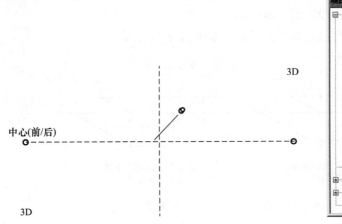

图 A.3-3　"公制常规模型"平面视图缺省"参照平面"　　图 A.3-4　项目浏览器

分别选择水平、竖向参照平面，在【属性】对话框中进行参照平面的参数设置，如图 A.3-5 所示。

在"项目浏览器"中双击"视图（全部）"➤"立面"➤"右"，进入绘图区界面，绘图区如图 A.3-6 所示。

A.3.2　族类别和族参数

单击功能区![icon]"常用"➤"属性"➤"族类别和族参数"按钮，打开【族类别和族参数】对话框，如图 A.3-7 所示。该对话框的设置将决定族在项目中的工作特性。

因"族类别"列表中没有梯板项，这里选择"常规模型"。在"族参数"列表中，取消勾选"加载时剪切的空心"，勾选"共享"。

(a)水平向参照平面属性设置　(b)竖向参照平面属性设置

图 A.3-5　"参照平面"属性设置

图 A.3-6　"公制常规模型"立面视图

图 A.3-7　【族类别和族参数】对话框

　　提示：创建梯板族时会用到空心形状，用于剪切掉多余的实体。当"梯板"族在导入到项目文件时，如果不希望这些用于梯板的空心形状剪切到与梯板无关的其他实体（族），需要清除"加载时剪切的空心"复选框。

　　当将"梯板"族作为嵌套族载入到另一个主体族中，该主体族被载入到项目中后，勾上"共享"选项的嵌套族也能在项目中被单独调用，实现共享。

A.3.3　族类型和参数

　　当设置好族类别和族参数后，单击功能区 "常用" ➤ "族类型"按钮，打开【族类型】对话框（如图 A.3-8 所示）。

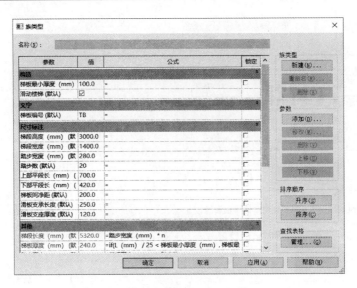

图 A.3-8　【族类型】对话框

1. 新建族类型

"族类型"是在项目中用户可以看到的族的类型。一个族可以有多个类型，每个类型可以有不同的尺寸形状，并且可以分别调用。在【族类型】对话框右上角单击"新建"按钮以添加新的族类型，对已有的族类型还可以进行"重命名"和"删除"操作。

因普通楼梯梯板类型单一，这里不单独建立梯板的"族类型"，即梯板的"族类型"与梯板族名一致。

2. 参数设置

（1）编辑共享参数文件

在 Revit 菜单栏点击"管理"➤"设置"➤"共享参数"，如图 A.3-9 所示。

图 A.3-9　"共享参数"图符菜单

在弹出的【编辑共享参数】对话框中（图 A.3-10），可单击"浏览"按钮打开已有共享参数文件进行编辑（图 A.3-11），也可单击"创建"按钮新建共享参数文件。

共享参数文件打开或新建完成后，在"共享参数文件"编辑框中将出现该文件的详细路径和文件名（如图 A.3-12 所示）。

单击"参数组"下拉列表，在下拉列表中选择需要修改的参数所在的分组；若没有需要的分组，则可在"组"中单击"新建"按钮。在弹出的【新参数组】对话框（图 A.3-13）的"名称"编辑框中输入组名，如"独立基础"，然后单击"确定"按钮回到【编辑共享参数】对话框。在"参数组"下拉列表中将显示新建的参数组名。

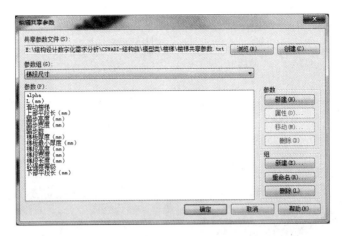

图 A.3-10 【编辑共享参数】对话框

图 A.3-11 【浏览共享参数文件】对话框

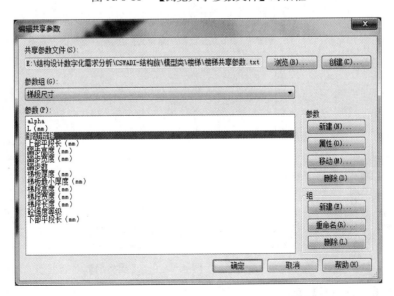

图 A.3-12 【编辑共享参数】对话框中编辑参数

添加共享参数：单击"参数"组中的"新建"按钮（图 A.3-10），在弹出的【参数属性】对话框中（图 A.3-14），输入参数名称，并按要求对"规程""参数类型""工具提示说明"等进行选择或编辑，完成后单击"确定"。

图 A.3-13　【新参数组】对话框　　　　图 A.3-14　【参数属性】对话框

回到【编辑共享参数】对话框中，"参数"列表中将出现新建的参数。梯板"梯段尺寸"共享参数文件编制完成后，效果如图 A.3-12 所示。

提示：在同一个族内，参数名称不能相同，参数名称区分大小写。

"规程"一般选择"公共"或"结构"，结构专业参数建议选用"结构"规程。

参数生成后，不能修改参数的"名称""规程""参数类型"和"工具提示说明"，故编辑参数时，应事先规划好参数的这些属性。

（2）添加参数

在功能区点击"创建"➤"属性"➤"族类型"，如图 A.3-15 所示。在弹出的【族类型】对话框中（图 A.3-16），单击"添加"按钮。

图 A.3-15　"族类型"图符菜单

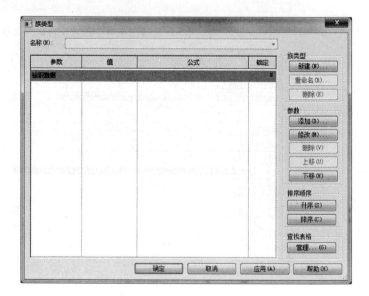

图 A.3-16　【族类型】对话框

在弹出的【参数属性】对话框中（图 A.3-17），将"参数类型"设置为"共享参数"，单击"选择"按钮。

在弹出的【共享参数】对话框（图 A.3-18）"参数"列表中选择所需项目，列表中缺少所需内容时单击"编辑"按钮添加共享参数（详见前述（1））。

图 A.3-17　【参数属性】对话框　　　　图 A.3-18　【共享参数】对话框

在【共享参数】对话框中选择列表项，如"踏步宽度"，单击"确定"按钮。回到【参数属性】对话框，选择"参数分组方式""实例"选项等，然后单击"确定"按钮。

回到【族类型】对话框，将刚才添加的参数"踏步宽度"的值修改为所需的数值，如 280 作为默认值（如图 A.3-19 所示）。

以类似方法添加其他参数，完成后【族类型】对话框中族参数列表如图 A.3-20 所示。

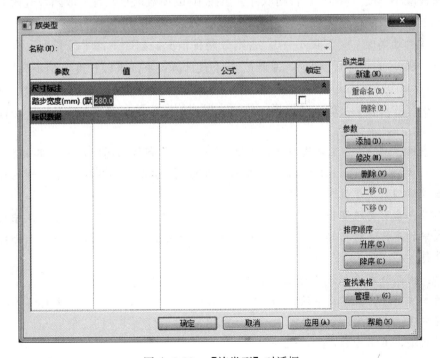

图 A.3-19　【族类型】对话框

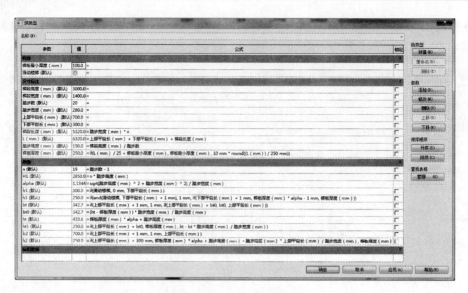

图 A.3-20　族参数示例

3. 创建公式

族编辑器中可以使用的公式和条件语句详见附录 C。这里仅对部分较为复杂的公式进行介绍。

（1）梯板厚度

"梯板厚度"按跨度的 1/25 取值，且不小于构造要求"梯板最小厚度（mm）"。所以采用条件语句：当计算的"梯板厚度"小于"梯板最小厚度（mm）"时，取"梯板厚度"等于"梯板最小厚度（mm）"；否则取计算值按 10 的模数取整，且采取四舍五入的方式。

（2）下部平段厚度 h_1

当为"滑动楼梯"时，取 $h_1=0$；否则分两种情况，当"下部平段长度"大于"踏步宽度"时，取 h_1 为"梯板厚度"；否则 h_1 按下式计算：下部平段长度×踏步高度（mm）/踏步宽度（mm）+梯板厚度（mm）×alpha−1（mm），其中减去 1mm 是为了维持梯形形体的最小尺寸（将实际的三角形形体修改为近似的误差最小的"下部平段"实体能模拟的梯形形体。

注意事项：round 公式只能对数值取整，当参数带有单位制时，应将其转换为数值，如 round（130.3mm/10mm）*10mm，即 round 的操作数除以带有相同单位制的模数，取整后再乘以该模数及单位。

当参数包含有特殊字符［例如连字符，英文字符"（""）"］时，应在公式中使用方括号将公式中的参数名称括起来，例如［col-grid］。使用括号可确保连字符等不会被解释为数学运算符。

提示：提高公式运行效率的几个方法：

能用加法解决，就不用乘法，如：$2*b \rightarrow b+b$，$a*b+a*c \rightarrow a*(b+c)$。

能用乘法，不用除法，如：$d/2 \rightarrow 0.5*d$，$G/b/h \rightarrow G/(b*h)$。

能用乘法，不用指数，如：$r^2 \rightarrow r*r$。

能用类型参数解决，不用条件语句。如"滑板支承长度"根据梯板是否是"滑动楼梯"

决定，是"滑动楼梯"取值 250mm，否则取值 0mm。这个需求可以用条件语句实现；但更好的方法是对滑动楼梯专门建一个族类型，将"滑板支承长度"设置为类型参数，并在滑动楼梯类型、普通楼梯类型中分别将"滑板支承长度"赋值为 250mm 和 0mm，可提高运行效率。

A.4　创建梯板踏步

如图 A.4-1 所示，单击"创建"➤"形状"➤"拉伸"图符。

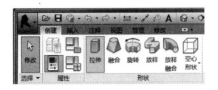

图 A.4-1　"拉伸"图符菜单

Revit 菜单区显示如图 A.4-2 所示，在"修改｜创建拉伸"➤"绘制"中选择适当的图形，然后在绘图区绘制踏步形状（如图 A.4-3 所示）。

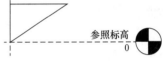

图 A.4-2　"修改｜创建拉伸"选项卡　　　图 A.4-3　绘制踏步轮廓

在 Revit 菜单区单击"创建"➤"基准"➤"参照平面"（如图 A.4-4 所示），在踏步的左端及下端绘制参照平面（如图 A.4-5 所示），并设置为"强参照"。将踏步的左边及下端与参照平面对齐并锁定。

图 A.4-4　"参照平面"图符菜单　　　图 A.4-5　绘制踏步的参照平面

提示：对齐锁定参照平面的步骤：

① 点击"修改｜编辑拉伸"选项卡下"对齐"工具（如图 A.4-6 所示）；

② 选择需对齐的参照平面（如图 A.4-7 所示）；

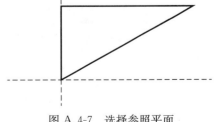

图 A.4-6　"对齐"工具　　　图 A.4-7　选择参照平面

③ 选择需被锁定的拉伸的端点（如图 A. 4-8 所示）；

④ 点击出现的图案，使端点被锁定（如图 A. 4-9 所示）；

⑤ 此处将踏步左边及下端与参照平面对齐锁定，使得踏步的高度只能够向上延伸（如图 A. 4-10 所示）。

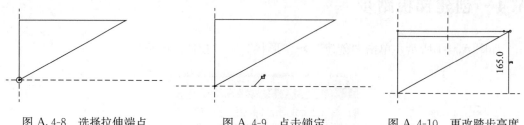

图 A. 4-8　选择拉伸端点

图 A. 4-9　点击锁定

165.0

图 A. 4-10　更改踏步高度

在踏步“修改｜编辑拉伸”状态下，单击 Revit 菜单区的“注释”➤“尺寸标注”➤“对齐”图符菜单（如图 A. 4-11 所示）。

对踏步宽度、高度等进行标注（如图 A. 4-12 所示），其中踏步高度标注下端应选择刚绘制的参照平面。

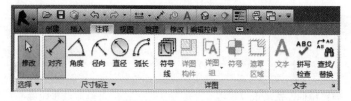

创建
插入
注释
视图
管理
修改｜编辑拉伸
修改
对齐
角度
径向
直径
弧长
符号线
详图构件
详图组
符号
遮罩区域
文字
拼写检查
查找/替换
选择
尺寸标注
详图
文字

图 A. 4-11　“修改｜编辑拉伸”选项卡

525
340
参照标高
0

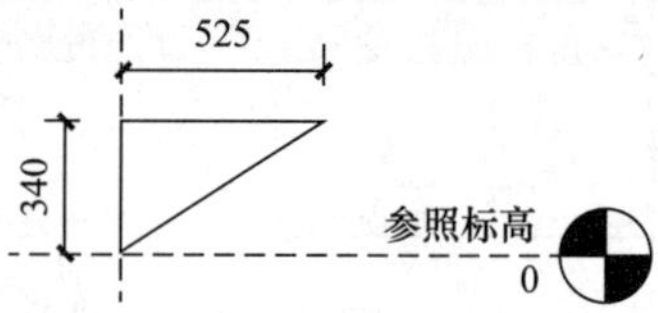

图 A. 4-12　标注踏步尺寸

选中宽度尺寸，在 Revit 菜单区下单击“标签”处的下拉列表框（如图 A. 4-13 所示）。

创建
插入
注释
视图
管理
修改｜编辑拉伸
尺寸标注
修改
编辑尺寸界线
选择
属性
剪贴板
几何图形
修改
测量
创建
尺寸界线
尺寸标注
引线
首选：参照墙中心线
标签：<无>
实例参数

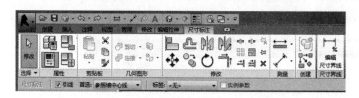

图 A. 4-13　踏步尺寸与族参数关联

在弹出的标签下拉列表中（如图 A. 4-14 所示），列出了为梯板族定义的所有族参数，选择“踏步宽度（mm）＝280”列表项，踏步宽度尺寸将与该参数联动，实现参数驱动。

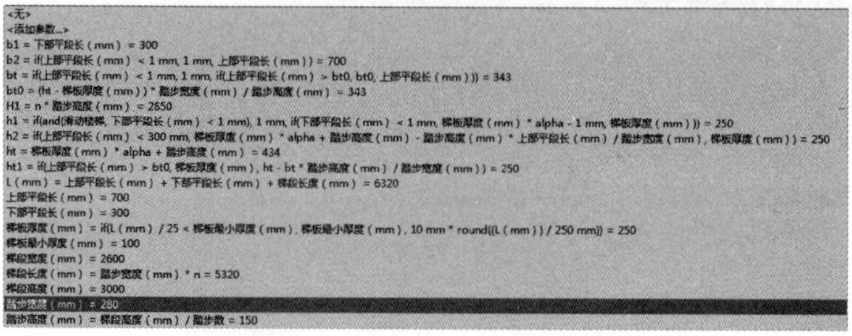

<无>
<添加参数...>
b1 = 下部平段长 (mm) = 300
b2 = if(上部平段长 (mm) < 1 mm, 1 mm, 上部平段长 (mm)) = 700
bt = if(上部平段长 (mm) < 1 mm, 1 mm, if(上部平段长 (mm) > bt0, bt0, 上部平段长 (mm))) = 343
bt0 = (ht - 梯板厚度 (mm)) * 踏步宽度 (mm) / 踏步高度 (mm) = 343
H1 = n * 踏步高度 (mm) = 2850
h1 = if(and(滑动楼梯, 下部平段长 (mm) < 1 mm), 1 mm, if(下部平段长 (mm) < 1 mm, 梯板厚度 (mm) * alpha - 1 mm, 梯板厚度 (mm))) = 250
h2 = if(上部平段长 (mm) < 300 mm, 梯板厚度 (mm) * alpha + 踏步高度 (mm) - 踏步高度 (mm) * 上部平段长 (mm) / 踏步宽度 (mm), 梯板厚度 (mm)) = 250
ht = 梯板厚度 (mm) * alpha + 踏步高度 (mm) = 434
ht1 = if(上部平段长 (mm) > bt0, 梯板厚度 (mm), ht - bt * 踏步高度 (mm) / 踏步宽度 (mm)) = 250
L (mm) = 上部平段长 (mm) + 下部平段长 (mm) + 梯段长度 (mm) = 6320
上部平段长 (mm) = 700
下部平段长 (mm) = 300
梯板厚度 (mm) = if(L (mm) / 25 < 梯板最小厚度 (mm), 梯板最小厚度 (mm), 10 mm * round((L (mm)) / 250 mm)) = 250
梯板最小厚度 (mm) = 100
梯段宽度 (mm) = 2600
梯段长度 (mm) = 踏步宽度 (mm) * n = 5320
梯段高度 (mm) = 3000
踏步宽度 (mm) = 280
踏步高度 (mm) = 梯段高度 (mm) / 踏步数 = 150

图 A. 4-14　梯板族标签列表清单

用相同办法将踏步高度与梯板族参数"踏步高度（mm）"关联（如图 A. 4-15 所示）。

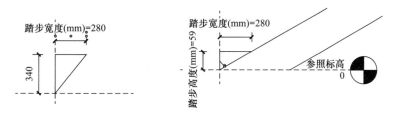

图 A. 4-15 踏步尺寸与梯板族参数关联图

绘制完成后单击"修改｜创建拉伸"➤"模式"中的"√"，完成踏步绘制。此时 Revit 菜单区如图 A. 4-16 所示（刚才绘制的踏步处于选中状态时）。

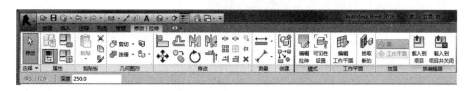

图 A. 4-16 "修改｜拉伸"选项卡

【属性】对话框显示了该踏步的其他属性（如图 A. 4-17 所示），可按需修改。

点击【属性】对话框中"限制条件"➤"拉伸终点"最右侧长方条（如图 A. 4-17 所示），在弹出的【关联族参数】对话框的"兼容类型的现有族参数"列表中选择"梯段宽度（mm）"，点击"确定"（如图 A. 4-18 所示）。

图 A. 4-17 "踏步"轮廓的"属性"　　图 A. 4-18 关联梯段宽度属性

创建"踏步"组：

选中"踏步"，单击"创建"➤"模型"➤"模型组"➤"创建组"（如图 A. 4-19 所示）。

在弹出的【创建组】对话框"名称"编辑框中输入"踏步"（如图 A. 4-20 所示），"组类型"选择"模型"，然后点击"确定"。

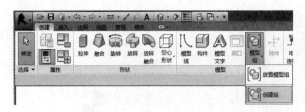

图 A.4-19 "创建组"图符菜单   图 A.4-20 "创建组"对话框

A.5 阵列"踏步"

在图形区选择"踏步",在菜单区点击"修改│模型组"➤"修改"➤"阵列"(如图 A.5-1 所示),修改项目数为希望的数值,如 8。

图 A.5-1 "修改│模型组"选项卡

在图形区点选"踏步"阵列的第一点和第二点,完成"踏步"阵列(如图 A.5-2 所示)。

当弹出警告消息框时(如图 A.5-3 所示),可忽略,单击"确定"按钮。"踏步"阵列后的图形如图 A.5-4 所示。

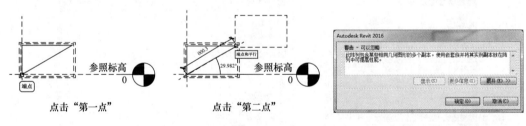

图 A.5-2 阵列"踏步"组   图 A.5-3 Revit 警告

选中"踏步"组,在下部出现"阵列"标注(如图 A.5-5 所示),选中"阵列"标注,单击选项栏上的"标签"下拉列表中的"n=踏步数-1=11"(如图 A.5-6 所示),完成参数关联。

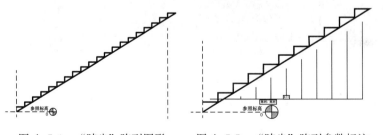

图 A.5-4 "踏步"阵列图形   图 A.5-5 "踏步"阵列参数标注   图 A.5-6 "踏步"阵列参数与族参数关联

标注阵列踏步间的尺寸，并与对应的参数关联（如图 A.5-7 所示）。

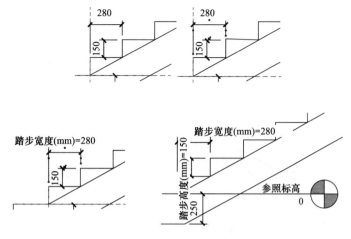

图 A.5-7　"踏步"间尺寸标注与族参数关联

完成踏步创建操作，可调整"族类型"参数测试踏步是否按需正常变动（如图 A.5-8 所示）。

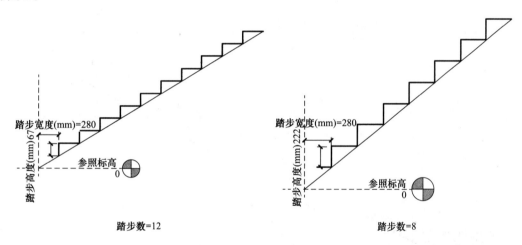

图 A.5-8　参数化测试

提示：在 Revit 中，阵列的值必须是大于或等于 2 的整数。应采用带条件语句的公式防止阵列参数使用小于 2 的值，如果计算的阵列值大于或等于 2，则公式保留该值；如果计算值为 1 或 0，则公式将把该值修改为 2。

A.6　创建梯板斜板

点击"创建"➤"形状"➤"拉伸"图符菜单，在绘图区绘制梯板斜板并标注尺寸（如图 A.6-1 所示）。

将斜板尺寸与梯板族参数关联，如图 A.6-2 所示。

完成后单击"修改｜创建拉伸"➤"模式"➤"√"（如图 A.6-3 所示）。

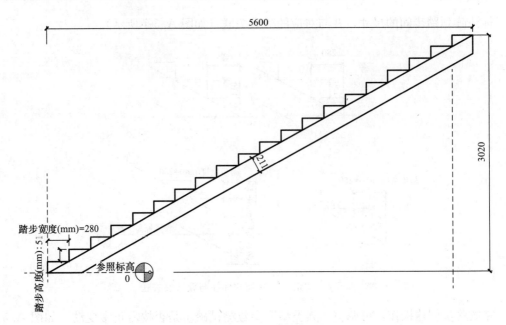

图 A.6-1　绘制梯板斜板

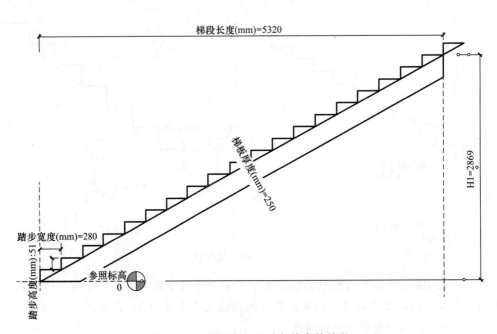

图 A.6-2　梯板斜板尺寸与族参数关联

图 A.6-3　"修改 | 创建拉伸"选项卡

A.7　创建梯板平直段

在绘图区绘制梯板平直段，标注尺寸并与梯板族参数关联（如图 A.7-1 所示）。

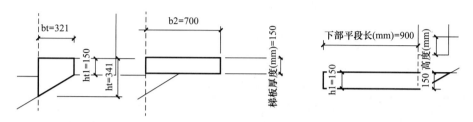

图 A.7-1　绘制梯板平直段

对齐参照平面或梯板斜面底面并锁定。

提示：这里将梯段上部平段长度定义为"b2"而非"上部平段长（mm）"参数，是因为当"上部平段长（mm）"等于 0 时模型出错，故增加一个"b2"参数过渡，避免实体长度为 0；同理，梯段下部平段板厚定义为"h1"而非"梯板厚度（mm）"。

创建梯板平直段时，应先完成尺寸标注并与梯板族参数关联。其后调试相关数据，查看模型是否受参数控制，调试完成后再对齐参照平面或梯板斜面底面并锁定。如果先进行了锁定步骤再关联族参数，将引发系统报错，提示"不满足限制条件"（如图 A.7-2 所示）。

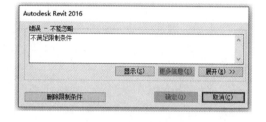

图 A.7-2　绘制梯板平直段

转移至"视图"➤"立面"➤"前"视图，绘制用于定位"梯段宽度"的参照平面，标注定位尺寸并与梯板族参数"梯段宽度（mm）"关联（如图 A.7-3 所示）。

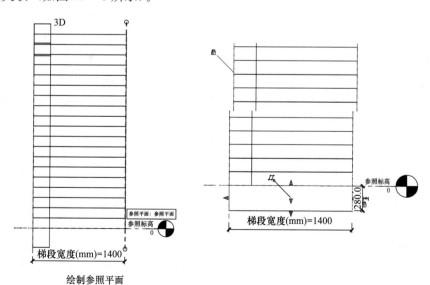

图 A.7-3　绘制参照平面、标注尺寸并与族参数关联

将模型（斜板、平直段等）与梯板两侧的参照平面对齐并锁定。

增加梯板间空隙挑板及剪切空心，避免模型与实际情况有出入。

提示：当模型几何形状因参变尺寸不能为 0 而无法达到所需要求时，采用空心形状可发挥作用。

表 A.7-1 为 CSWADI 梯板族类型参数设置情况。

梯板族参数设置表

表 A.7-1

参数	值	公式
构造		
梯板最小厚度（mm）（默认）	100	
滑动梯板（默认）		
尺寸标注		
梯段高度（mm）（默认）	1500.0	
梯段宽度（mm）（默认）	1200.0	
踏步数（默认）	9	
踏步宽度（mm）（默认）	280.0	
上部平段长（mm）（默认）	700.0	
下部平段长（mm）（默认）	200.0	
梯段长度（mm）（默认）		踏步宽度（mm）＊n
L（mm）		上部平段长（mm）＋下部平段长（mm）＋梯段长度（mm）
踏步高度（mm）（默认）		梯段高度（mm）/踏步数
梯板厚度（mm）（默认）		if（L（mm）/25＜梯板最小厚度（mm），梯板最小厚度（mm），10mm＊round（（L（mm））/250mm））
其他		
n（默认）	8	踏步数－1
H1（默认）		n＊踏步高度（mm）
alpha（默认）		sqrt（踏步高度（mm）^2＋踏步宽度（mm）^2）/踏步宽度（mm）
b1（默认）		下部平段长（mm）
h1（默认）		if（and（滑动梯板，下部平段长（mm）＜1mm），1mm，if（下部平段长（mm）＜1mm，梯板厚度（mm）＊alpha－1mm，梯板厚度（mm））） if（滑动楼梯，0mm，if（下部平段长（mm）＞踏步宽度（mm），梯板厚度（mm），下部平段长（mm）＊踏步高度（mm）/踏步宽度（mm）＋梯板厚度（mm）＊alpha－5mm））
bt（默认）		if（上部平段长（mm）＜1mm，1mm，if（上部平段长（mm）＞bt0，bt0，上部平段长（mm）））
bt0（默认）		（ht－梯板厚度（mm））＊踏步宽度（mm）/踏步高度（mm）
ht（默认）		梯板厚度（mm）＊alpha＋踏步高度（mm）
ht1（默认）		if（上部平段长（mm）＞bt0，梯板厚度（mm），ht－bt＊踏步高度（mm）/踏步宽度（mm））
b2（默认）		if（上部平段长（mm）＜1mm，1mm，上部平段长（mm））
h2（默认）		if（上部平段长（mm）＜300mm，梯板厚度（mm）＊alpha＋踏步高度（mm）－踏步高度（mm）＊上部平段长（mm）/踏步宽度（mm），梯板厚度（mm））

提示：需要用于明细表的参数，在【参数属性】对话框中，其"参数类型"应定义为"共享参数"。

编辑公式时，建议在 Revit 公式编辑器中编辑好公式后，将公式复制到文字处理软件中保存，否则 Revit 中的公式容易因相关参数的变化而清空。

表 A.7-2 为 CSWADI 梯板族参数属性设置情况。

梯板族参数属性设置表 表 A.7-2

名称	参数类型	参数数据				
		参数类型	规程	参数分组方式	参数选项	工具提示说明
梯板最小厚度（mm）	共享参数	长度		构造	类型	
滑动梯板	共享参数	是/否	公共	构造	实例	
梯段高度（mm）	共享参数	长度	公共	尺寸标注	实例	
梯段宽度（mm）	共享参数	长度	公共	尺寸标注	实例	
踏步数	共享参数	整数	公共	尺寸标注	实例	
踏步宽度（mm）	共享参数	长度	公共	尺寸标注	实例	
上部平段长（mm）	共享参数	长度	公共	尺寸标注	实例	
下部平段长（mm）	共享参数	长度	公共	尺寸标注	实例	
梯段长度（mm）	共享参数	长度	公共	尺寸标注	实例	
L(mm)	共享参数	长度	公共	尺寸标注	实例	
踏步高度（mm）	共享参数	长度	公共	尺寸标注	实例	
梯板厚度（mm）	共享参数	长度	公共	尺寸标注	实例	
n	族参数	整数	公共	其他	实例	
H1	族参数	长度	公共	其他	实例	
alpha	共享参数	数值	公共	其他	实例	
b1	族参数	长度	公共	其他	实例	根据梯段下端是否为滑动支座确定梯段下部平段长度
h1	族参数	长度	公共	其他	实例	梯板下部平段厚度
bt	族参数	长度	公共	其他	实例	
bt0	族参数	长度	公共	其他	实例	梯板上部斜段与平段分界界限长度
ht	族参数	长度	公共	其他	实例	
ht1	族参数	长度	公共	其他	实例	
b2	族参数	长度	公共	其他	实例	
h2	族参数	长度	公共	其他	实例	

A.8　新建明细表

楼梯梯板采用图表式表达方式时，利用 Revit 明细表的功能，可大大简化梯板表的设计填表工作，将楼梯梯板的荷载输入、计算、选筋等操作固化到梯板明细表中，使楼梯梯板的填表工作实现自动化，提高设计效率。

具体可按以下步骤新建明细表：

（1）在"项目浏览器"面板中（如图 A.8-1 所示），在"明细表/数量"上单击鼠标右键。

（2）在弹出的子菜单中单击"新建明细表/数量"（如图 A.8-2 所示）。

（3）在弹出的【新建明细表】对话框（如图 A.8-3 所示）的"类别"列表中选择"常规模型"（与建梯板族时的模板一致），在"名称"编辑框中输入明细表名称，如"梯板明细表"，完成后单击"确认"按钮。

图 A.8-1 "明细表/数量"列表　图 A.8-2 弹出子菜单　图 A.8-3 【新建明细表】对话框

（4）在弹出的【明细表属性】对话框中（图 A.8-4），可按需要添加明细表字段。

（5）单击"确定"完成明细表的创建操作，在"项目浏览器"➤"明细表/数量"项中将出现新建的明细表项，如图 A.8-5 所示。双击该列表项，如"楼梯梯板明细表/C30/HRB400/3.5kN/m²"，在绘图区将出现明细表视图（如图 A.8-6 所示）。

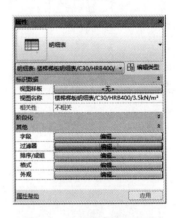

图 A.8-4 【明细表属性】对话框　　　图 A.8-5 【属性】对话框

明细表：楼梯梯板明细表/C30/HRB400/3.5kN/m² - 楼梯明细表2018-8-30.rvt

A	B	C	D	E	F	G	H	I	J	K	L	M	N
梯板编号	Ln (mm)	L2 (mm)	L1 (mm)	L (mm)	Hn (mm)	厚度t (mm)	踏步宽 b(mm)	踏步高 h(mm)	踏步数n	砼容重 (kN/m²)	上端简支	下端简支	alpha
	5320	700	300	6320	3000	250	280	150	20	25.0	☐	☐	1.134
TB1	2240	700	300	3240	1500	130	280	167	9	25.0	☐	☑	1.164
TB2	3360	700	300	4360	2000	170	280	154	13	25.0	☑	☑	1.141
TB3	2520	800	600	3920	1700	160	280	170	10	25.0	☑	☑	1.170
TB4	5320	700	300	6320	3000	250	280	150	20	25.0	☐	☐	1.134

图 A.8-6 明细表视图

（6）当明细表视图为活动视图时，在"属性"面板中单击"其他"➤"字段"栏的"编辑"按钮，将弹出【明细表属性】对话框（如图 A.8-4 所示）。

（7）明细表字段的添加方法详见以下各节。

A.9　利用族参数创建梯板明细表

在【明细表属性】对话框（如图 A.9-1 所示）"可用的字段"列表中列出了梯板族的参数，选中需要加入"明细表字段"的列表项，单击"添加"按钮，在"明细表字段"列表中将新增该列表项。所需列表项目完成后，可按需要对列表项进行排序，完成后的效果如图 A.9-2 所示。

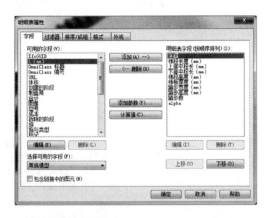

图 A.9-1　"明细表属性"对话框　　　图 A.9-2　"明细表属性"对话框

表 A.9-1 为 CSWADI 梯板明细表族参数格式设置情况。

梯板明细表中族参数格式设置表　　　　表 A.9-1

名称	参数类型	参数数据			
		规程	参数类型	参数分组方式	工具提示说明
注释					
梯段长度（mm）	共享参数	公共	长度	尺寸标注	
上部平段长（mm）	共享参数	公共	长度	尺寸标注	
下部平段长（mm）	共享参数	公共	长度	尺寸标注	
梯段高度（mm）	共享参数	公共	长度	尺寸标注	
梯板厚度（mm）	共享参数	公共	长度	尺寸标注	
踏步宽度（mm）	共享参数	公共	长度	尺寸标注	
踏步高度（mm）	共享参数	公共	长度	尺寸标注	
踏步数	共享参数	公共	整数	尺寸标注	

A.10　新建梯板明细表项目参数

在明细表中，还可根据需要补充族中没有的参数，供梯板明细表使用，当不采用梯板明细表时，这些参数不会出现在梯板模型的参数中，符合轻量化要求。

　　要添加出现在"属性"面板中的参数，在【明细表属性】对话框"字段"面板中单击"添加参数"按钮，弹出【参数属性】对话框，在此可与添加族参数相同的方式进行操作。梯板明细表所有项目属性添加完毕后的效果如图 A.10-1 所示。

　　表 A.10-1 为 CSWADI 梯板明细表项目参数属性设置情况。

梯板明细表项目参数格式设置表　　　　　　　　　　　　　　　表 A.10-1

（以下字段将出现在"属性"面板及明细表中）

名称	参数类型	参数数据					
		规程	参数类型	参数类别	参数分组方式	对齐方式	工具提示说明
砼容重（kN/m³）	项目参数	结构	容重	实例	结构分析	按组类型对齐值	
上端简支	项目参数	公共	是/否	实例	构造	按组类型对齐值	
下端简支	项目参数	公共	是/否	实例	构造	按组类型对齐值	
alpha	共享参数	公共	数值	实例	其他	按组类型对齐值	
面层荷载（kN/m²）	项目参数	结构	面分布力	实例	结构分析	按组类型对齐值	输入时不用考虑踏步竖直面影响 明细表自动计算踏步水平面和竖直面面层总荷载
抹灰荷载（kN/m²）	项目参数	结构	面分布力	实例	结构分析	按组类型对齐值	输入时不需考虑梯板斜面荷载增大影响 明细表自动考虑斜面荷载增大系数
栏杆/栏板荷载（kN/m²）	项目参数	结构	面分布力	实例	结构分析	按组类型对齐值	梯板两侧栏杆/栏板线荷载折算为面荷载的荷载值
隔墙荷载（kN/m）	项目参数	结构	线分布力	实例	结构分析	按组类型对齐值	当梯板上砌筑了消防分区隔墙时输入该值，并将三角形荷载折算为线荷载输入
墙下梯板计算宽度（mm）	项目参数	公共	长度	实例	尺寸标注	按组类型对齐值	当梯板边砌筑了防火隔墙时输入 可按经验确定承受该隔墙荷载的梯板有效宽度，并将计算所得的配筋集中配置于板边隔墙下
p(kN/m²)	项目参数	结构	面分布力	实例	结构分析	按组类型对齐值	梯板使用荷载值
fc(MPa)	项目参数	结构	应力	实例	结构分析	按组类型对齐值	砼轴心抗压强度设计值
fy(MPa)	项目参数	结构	应力	实例	结构分析	按组类型对齐值	钢筋强度设计值

　　提示：当参数的单位具有专业性质时，参数的"规程""参数类型"建议采用与专业匹配的选项，可简化编辑公式时进行单位换算的过程，Revit 可自动进行单位制换算。

　　图 A.10-1 显示了梯板明细表添加项目参数前后的对比情况。

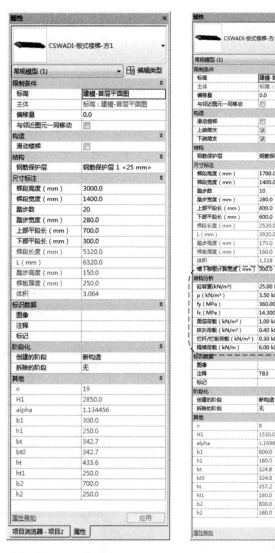

(a)梯板明细表添加项目参数前　　(b)梯板明细表添加项目参数后

图 A.10-1　梯板明细表添加项目参数前后对比图

A.11　新建梯板明细表计算参数

　　在明细表中，还可根据需要补充族中没有且希望仅出现在明细表中的参数，以满足设计需要。

A.11.1 计算参数的添加方法

在【明细表属性】对话框的"字段"面板中单击"计算值"按钮（如图 A.11-1 所示），该按钮添加的"明细表字段"仅出现在明细表中。

在弹出的【计算值】对话框中（如图 A.11-2 所示），按以下操作完成计算值参数的输入：

（1）在"名称"编辑框中输入"明细表字段"的名称，如"L(mm)"，该名称可被明细表的其他"计算值"参数引用；

（2）选择"公式"或"百分比"，这里选择"公式"；

（3）选择"规程"：在"规程"下拉列表中选择适当的规程（如图 A.11-3 所示），选择"公共"或"结构"；

（4）选择"类型"：在"类型"下拉列表中选择适当的类型（如图 A.11-4 所示），选择"长度"；

图 A.11-2　【计算值】对话框

图 A.11-3　"规程"下拉列表

图 A.11-1　【明细表属性】对话框

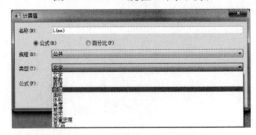

图 A.11-4　"类型"下拉列表

（5）创建公式：在"公式"编辑框中输入 L（mm）的计算公式，如图 A.11-2 所示；

（6）参数输入完成后单击"确定"按钮确认添加或修改，在【明细表属性】对话框的"明细表字段"列表中将出现新增的"L（mm）"字段（如图 A.11-1 所示）。以类似方式添加其他"计算值"明细表字段，完成后的效果如图 A.11-1 所示。

A.11.2 梯板明细表"明细表字段"清单

表 A.11-1 为 CSWADI 梯板明细表中定义的"计算值"类型字段及公式情况。当用户对明细表文件中的字段进行编辑操作时，【计算值】对话框中的公式可能与本表不符，这是因为单位与本表不一致，应按本表所列公式采用。

梯板明细表计算值参数格式设置表　　　　　表 A.11-1

（仅出现在明细表中）

名称	参数值确定方式	规程	类型	公式
L(mm)	公式	公共	长度	上部平段长(mm)＋下部平段长(mm)＋梯段长度(mm)
踏步自重	公式	结构	面分布力	(0.5＊踏步高度(mm)＋梯板厚度(mm)＊alpha)＊[砼容重(kN/m³)]
g	公式	结构	面分布力	踏步自重＋[面层荷载(kN/m²)]＋[抹灰荷载(kN/m²)]＋[栏杆/栏板荷载(kN/m²)]
q	公式	结构	面分布力	if(g＞2.8＊[p(kN/m²)],1.35＊g＋0.98＊[p(kN/m²)],1.2＊g＋1.4＊[p(kN/m²)])
弯矩系数	公式	公共	数值	if(上端简支,if(下端简支,0.125,0.1),if(下端简支,0.1,0.075))
M	公式	结构	线性弯矩	弯矩系数＊q＊[L(mm)]^2
Mw	公式	结构	力矩	弯矩系数＊1.35＊[隔墙荷载(kN/m)]＊[L(mm)]^2＋0.001＊墙下梯板计算宽度(mm)＊M
h0	公式	结构	截面尺寸	梯板厚度(mm)－20mm
x	公式	结构	截面尺寸	h0-sqrt(h0^2-2＊M/fc(MPa))
xw	公式	结构	截面尺寸	h0-sqrt(h0^2－2＊Mw/(fc(MPa)＊墙下梯板计算宽度(mm)))
As1	公式	结构	钢筋面积	fc(MPa)＊1000mm＊x/fy(MPa)
d1	公式	结构	钢筋直径	2mm＊roundup(sqrt(0.4＊As1/1mm²/3.1416)/2) if(As1＜500mm²,8mm,2mm＊roundup(sqrt(0.4＊As1/1mm²/3.1416)/2))
As2	公式	结构	钢筋面积	if(and(上端简支,下端简支),As1/3,As1)
d2	公式	结构	钢筋直径	2mm＊roundup(sqrt(0.4＊As2/0 m²/3.1416)/2) if(As2＜500mm²,8mm,2mm＊roundup(sqrt(0.4＊As2/1mm²/3.1416)/2))
As3	公式	结构	钢筋面积	0.0015＊1000mm＊梯板厚度(mm)
Asw	公式	结构	钢筋面积	fc(MPa)＊墙下梯板计算宽度(mm)＊xw/fy(MPa)
①号筋	公式	公共	文字	if(d1＝6mm,"Φ 6@",if(d1＝8mm,"Φ 8@",if(d1＝10mm,"Φ 10@",if(d1＝12mm,"Φ 12@",if(d1＝14mm,"Φ 14@",if(d1＝16mm,"Φ 16@","?"))))))
s1	公式	结构	钢筋间距	if(As1＜251mm²,200mm,rounddown(78.54＊d1＊d1/As1)＊10mm)
②号筋	公式	结构	文字	if(d2＝6mm,"Φ 6@",if(d2＝8mm,"Φ 8@",if(d2＝10mm,"Φ 10@",if(d2＝12mm,"Φ 12@",if(d2＝14mm,"Φ 14@",if(d2＝16mm,"Φ 16@","?"))))))
s2	公式	结构	钢筋间距	if(As2＜251mm²,200mm,rounddown(78.54＊d2＊d2/As2)＊10mm)
③号筋	公式	公共	文字	"Φ8@200"

名称	参数值确定方式	规程	类型	公式
墙下加筋	公式	公共	文字	if(Asw<157.1mm², "2Φ10", if(Asw<226.2mm², "2Φ12", if(Asw<307.9mm², "2Φ14", if(Asw<404.2mm², "2Φ16", if(Asw<509mm², "2Φ18", if(Asw<628.4mm², "2Φ20", if(Asw<760.3mm², "2Φ22", if(Asw<981.8mm², "2Φ25", "＊＊")))))))))

A.11.3　梯板明细表"计算值"类型字段公式推导

1. 弯矩系数

经计算研究，梯板的弯矩系数按表 A.11-2 取值。

梯板弯矩系数表　　　　　　　　　　　　　　　　表 A.11-2

支座情况	弯矩系数
两端简支	1/8
一边简支、一边连续	1/10
两边连续	1/14

2.《混凝土结构设计规范》GB 50010—2010 第 6.4.10 条相关公式

$$M = \alpha_1 f_c bx \left(h_0 - \frac{x}{2} \right)$$

$$\alpha_1 f_c bx = f_y A_s$$

3. 梯板混凝土受压区高度计算

$$x = h_0 - \sqrt{h_0^2 - \frac{2M}{\alpha_1 f_c b}}$$

4. 钢筋面积计算

$$A_{s1} = \frac{\alpha_1 f_c bx}{f_y}$$

此处 $b = 1000\text{mm}$。

5. 钢筋直径 d_1 计算

$$\frac{\frac{\pi}{4} d_1^2}{s_1} \times 1000\text{mm} = A_{s1}$$

取 $s_1 = 100\text{mm}$，则

$$d_1 = \sqrt{\frac{0.4 A_{s1}}{\pi}}$$

钢筋最小直径取为 8mm，为防止 $d_1 < 8\text{mm}$，由 $d_1 = \sqrt{\frac{0.4 A_{s1}}{\pi}} = 8$ 可得：

$$A_{s1} = \frac{\pi \times 8^2}{0.4} = 502.65\text{mm}^2$$

故当 $A_{s1} < 500\text{mm}^2$ 时，取 $d_1 = 8\text{mm}$。

6. 钢筋间距 s_1 计算

$$s_1 = \frac{\pi}{4}d_1^2 \times \frac{1000\text{mm}}{A_{s1}} = \frac{785.4d_1^2}{A_{s1}}$$

表中公式将 s_1 按 10mm 的模数截尾取整。

为防止 $s_1 > 200$mm，对出现 $s_1 > 200$mm 的条件进行分析：

因钢筋直径均按间距 100mm 计算取得，所以只有当钢筋直径取最小值，即 $d_1 = 8$mm 时，才有可能导致 $s_1 > 200$mm。则

$$s_1 = \frac{785.4d_1^2}{A_{s1}} > 200\text{mm}$$

$$A_{s1} < \frac{785.4d_1^2}{200} = \frac{785.4 \times 8^2}{200} = 251.3\text{mm}^2$$

故当 $A_{s1} < 251$mm² 时，取 $s_1 = 200$mm。

7. 墙下加筋计算

墙下加筋按表 A.11-3 取用，当 A_{sw} 大于表中最大钢筋面积时，明细表不再提供自动选筋，用户可按需自行调整。

墙下加筋选用表　　　　　　　　　　　表 A.11-3

钢筋根数	钢筋直径（mm）	钢筋面积（mm²）
2	10	157.08
2	12	226.19
2	14	307.88
2	16	404.12
2	18	508.94
2	20	628.32
2	22	760.27
2	25	981.75

A.12　梯板明细表排序

明细表创建好后，需要对列表项进行排序，如梯板明细表按"梯板编号"（即"注释"）进行排序（如图 A.12-1 所示）。

在【明细表属性】对话框的"排序/成组"选项卡中，单击"排序方式"下拉列表，将弹出梯板明细表所有字段的列表（如图 A.12-2 所示），选择需要作为排序的字段，如"注释"。

若希望相同的梯板不重复出现在明细表中，取消勾选"逐项列举每个实例"（如图 A.12-2 所示）。

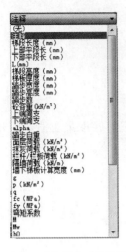

图 A.12-1 "排序方式"下拉列表　　　图 A.12-2 【明细表属性】对话框

A.13　梯板明细表属性的格式

当明细表的显示方式与设计要求不一致时，还可调整明细表列表项的格式，操作步骤如下：

（1）打开【明细表属性】对话框，在"格式"选项卡的"字段"列表中选择需要修改格式的字段；

（2）修改"标题"：在"标题"编辑框中输入希望在明细表表头中显示的文字，如"梯板编号"；

（3）修改"对齐"方式：可选"左""中心线""右"三种对齐方式（如图 A.13-1 所示）；

（4）修改"字段格式"：在"字段"列表中选择"面层荷载（kN/m²）"，单击"字段格式"按钮；

（5）在弹出的【格式】对话框中（如图 A.13-2 所示），取消勾选"使用项目设置"选项；

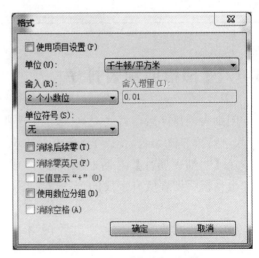

图 A.13-1 "对齐"下拉列表　　　图 A.13-2 【格式】对话框

（6）在"单位"下拉列表中选取合适的单位（如图 A.13-3 所示）；

（7）在"舍入"下拉列表中选择保留的小数位数（如图 A.13-4 所示）；

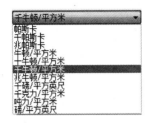 

图 A.13-3　"单位"下拉列表　　　图 A.13-4　"舍入"下拉列表

（8）在"单位符号"下拉列表中选择在明细表列表中是否显示单位符号，这里选择"无"，单位符号在明细表表头统一显示；

（9）完成后单击"确定"完成修改，回到【明细表属性】"格式"选项卡；

（10）以类似方法对其他"字段"的格式进行修改，表 A.13-1 为 CSWADI 梯板明细表全部"字段"的格式设置详表。

梯板明细表属性格式设置表　　　　　　　　　　　　　　　　表 A.13-1

字段	标题	标题方向	对齐	字段格式				
				使用项目设置	单位	舍入	舍入增量	单位符号
注释	梯板编号	水平	右					
梯段长度	Ln(mm)	水平	中心线	是	mm	0 小数位	1	无
上部平段长	L2(mm)	水平	中心线	是	mm	0 小数位	1	无
下部平段长	L1(mm)	水平	中心线	是	mm	0 小数位	1	无
L	L(mm)	水平	中心线	是	mm	0 小数位	1	无
梯段高度	Hn(mm)	水平	中心线	是	mm	0 小数位	1	无
梯段厚度	厚度 t(mm)	水平	中心线	是	mm	0 小数位	1	无
踏步宽度	踏步宽 b(mm)	水平	中心线	是	mm	0 小数位	1	无
踏步高度	踏步高 h(mm)	水平	中心线	是	mm	0 小数位	1	无
踏步数	踏步数 n	水平	中心线					
砼容重	砼容重(kN/m³)	水平	中心线	否	kN/m³	1 小数位	0.1	无
上端简支	上端简支	水平	中心线					
下端简支	下端简支	水平	中心线					
alpha	alpha	水平	中心线	否	固定	3 小数位	0.001	
踏步自重	踏步自重(kN/m²)	水平	中心线	否	kN/m²	2 小数位	0.01	无
面层荷载	面层荷载(kN/m²)	水平	中心线	否	kN/m²	2 小数位	0.01	无
抹灰荷载	抹灰荷载(kN/m²)	水平	中心线	否	kN/m²	2 小数位	0.01	无
栏杆/栏板荷载	栏杆/栏板荷载(kN/m²)	水平	中心线	否	kN/m²	2 小数位	0.01	无
隔墙荷载	隔墙荷载(kN/m)	水平	中心线	否	kN/m	2 小数位	0.01	无
墙下梯板计算宽度	墙下梯板计算宽度(mm)	水平	中心线	是	mm	0 小数位	1	无
g	g (kN/m²)	水平	中心线	否	kN/m²	2 小数位	0.01	无

续表

字段	标题	标题方向	对齐	字段格式				
				使用项目设置	单位	舍入	舍入增量	单位符号
p	$p(kN/m^2)$	水平	中心线	否	kN/m^2	2 小数位	0.01	无
q	$q(kN/m^2)$	水平	中心线	否	kN/m^2	2 小数位	0.01	无
fc	fc(MPa)	水平	中心线	否	MPa	1 小数位	0.1	无
fy	fy(MPa)	水平	中心线	否	MPa	1 小数位	0.1	无
弯矩系数	弯矩系数	水平	中心线	是	常规			
M	$M(kN \cdot m/m)$	水平	中心线	否	$kN \cdot m/m$	2 小数位	0.01	无
Mw	$Mw(kN \cdot m)$	水平	中心线	否	$kN \cdot m$	2 小数位	0.01	无
h0	h0(mm)	水平	中心线	否	mm	1 小数位	0.1	无
x	x(mm)	水平	中心线	否	mm	1 小数位	0.1	无
xw	xw(mm)	水平	中心线	否	mm	1 小数位	0.1	无
As1	$As1(mm^2)$	水平	中心线	否	mm^2	0 小数位	1	无
d1	d1(mm)	水平	中心线	否	mm	0 小数位	1	无
As2	$As2(mm^2)$	水平	中心线	否	mm^2	0 小数位	1	无
d2	d2(mm)	水平	中心线	否	mm	0 小数位	1	无
As3	$As3(mm^2)$	水平	中心线	否	mm^2	0 小数位	1	无
Asw	$Asw(mm^2)$	水平	中心线	否	mm^2	0 小数位	1	无
①号筋	①号	水平	右					
s1	筋	水平	左	是	mm	0 小数位	1	无
②号筋	②号	水平	右					
s2	筋	水平	左	是	mm	0 小数位	1	无
③号筋	③号筋	水平	右					
s3	筋	水平	左	是	mm	0 小数位	1	无
墙下加筋	墙下加筋	水平	中心线					

A. 14　梯板明细表视图

明细表字段及格式完成后，"梯板明细表"视图如图 A.14-1 所示。

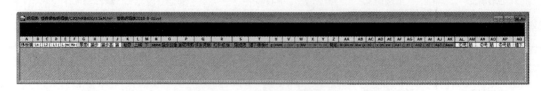

图 A.14-1　梯板明细表视图

为规范表格归类方式，对涉及钢筋选筋部分内容进行"成组"操作：

（1）用鼠标拖选列表项（如图 A.14-2 所示）；

（2）在 Revit 菜单中单击"修改明细表 | 数量"➤"标题和页眉"➤"成组"图符菜单（如图 A.14-3 所示）；

（3）在表中组头处输入组名，如"钢筋"（如图A.14-4所示）。

图A.14-2　拖选列表项　　　　　　　　　图A.14-3　"成组"图符菜单

因Revit 2016的明细表处理字符的能力有限，梯板选筋实际由两部分组成，钢筋直径和间距是分离的。为了在明细表显示时能消除视觉上分隔的影响，将两者表格分隔线隐藏，以满足显示效果。操作方法如下：

（1）拖选需要修改分隔线的列表项（如图A.14-5所示）；

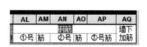

图A.14-4　输入组名　　　　　　　图A.14-5　拖选列表项

（2）在Revit菜单中单击"修改明细表｜数量"➤"外观"➤"边界"图符菜单（如图A.14-6所示）；

图A.14-6　"边界"图符菜单

（3）在弹出的【编辑边框】对话框中对边框线进行修改，这里将表格间的边框取消（如图A.14-7所示），编辑完成后"确定"。

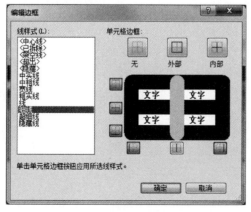

图A.14-7　【编辑边框】对话框

图 A. 14-8 显示了取消钢筋选筋项间边框前后的对比图；图 A. 14-9 为梯板明细表设置完成后的视图。

钢筋				
①号	筋	②号	筋	③号筋
Ф 10@	110	Ф 10@	110	ϕ8@200
Ф 8@	120	Ф 8@	120	ϕ8@200
Ф 10@	120	Ф 10@	120	ϕ8@200
Ф 10@	120	Ф 8@	200	ϕ8@200
Ф 10@	110	Ф 10@	110	ϕ8@200

有边框

钢筋		
①号 筋	②号 筋	③号筋
Ф 10@ 110	Ф 10@ 110	ϕ8@200
Ф 8@ 120	Ф 8@ 120	ϕ8@200
Ф 10@ 120	Ф 10@ 120	ϕ8@200
Ф 10@ 120	Ф 8@ 200	ϕ8@200
Ф 10@ 110	Ф 10@ 110	ϕ8@200

无边框

图 A. 14-8 “梯板明细表”边框设置效果图

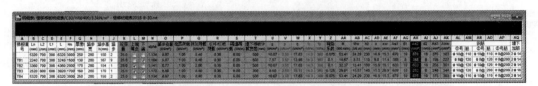

图 A. 14-9 梯板明细表视图

附录 B　高级结构族创建示例——集水坑

本例基于 Revit 2019 软件进行演示。

B.1　形体分析

集水坑由实体部分和空心两部分组成，其中实体部分为倒梯台形状，斜面角度常取
45°、60°或90°，坑底各部分最小厚度不小于其附着的板的
厚度；空心部分为立方体，其各部分尺寸一般由给水排水
专业确定。其中，各部分尺寸（如图 B.1-1 所示）应满足
以下各式要求：

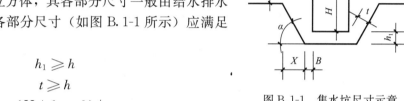

$$h_1 \geqslant h$$
$$t \geqslant h$$
$$X = (H + h_1 - h)/\tan\alpha$$
$$B \geqslant h \tan\frac{\alpha}{2}$$

图 B.1-1　集水坑尺寸示意

B.2　选择族样板

单击 ⬚（族）（如图 B.2-1 所示），打开【选择样板文件】对话框（如图 B.2-2 所示）。

图 B.2-1　新建族菜单　　　　　图 B.2-2　【选择样板文件】对话框

集水坑族应附着在楼板下，并且能测量板厚用于确定集水坑各部分尺寸，故选择"基
于楼板的公制常规模型"作为集水坑族的样板。单击"打开"，进入"基于楼板的公制常
规模型"的缺省平面视图（如图 B.2-3 所示）。

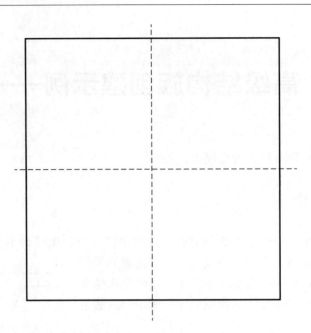

图 B.2-3 "基于楼板的公制常规模型"的缺省平面视图

B.3 创建参照平面并标注尺寸

B.3.1 在平面视图绘制参照平面并标注尺寸

打开 Revit 族编辑器默认视图"参照标高",除 X、Y 向已有的 1 道参照平面外,各向需再新绘制 6 道参照平面。

单击"创建"➤"基准"➤ ▨（参照平面）绘制参照平面,完成后如图 B.3-1 所示。

单击"注释"➤"尺寸标注"➤ ✎（对齐）,标注完成后如图 B.3-2 所示。

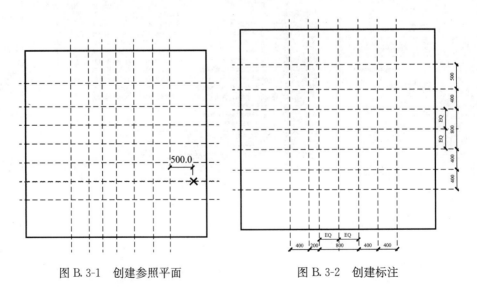

图 B.3-1 创建参照平面　　　　　图 B.3-2 创建标注

B.3.2　在立面视图绘制参照平面并标注尺寸

转至立面视图"前"（如图 B.3-3 所示），绘制参照平面（除已有参照标高外，再新绘制两道参照平面），如图 B.3-4 所示。

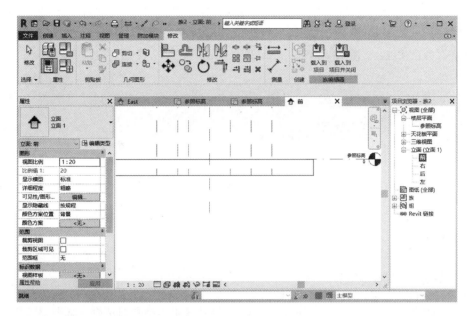

图 B.3-3　立面视图"前"

在参照平面间进行尺寸标注，标注完成后如图 B.3-5 所示。

图 B.3-4　绘制参照平面　　　　　　　图 B.3-5　标注参照平面

提示：在标注板厚时，应将尺寸线定位在板的边界上，而不是参照标高，否则在公式中使用该板厚时会出错。

B.4　添加参数

B.4.1　集水坑参数需求分析

添加参数时应先对所需的参数及参数的类型进行分析，这里需要建立以下参数：

（1）集水坑坑槽的几何信息尺寸："坑宽""坑长""坑深"；

（2）集水坑混凝土实体的几何信息尺寸：坑边至斜面的水平距离尺寸 B_1、斜面的水平投影长度 X、斜面的角度等；

（3）集水坑附着的主体的"板厚"；

（4）集水坑中通过公式计算的参数的模数，如 10mm、50mm 等，以便在集水坑大样绘制时所标注的尺寸为整数值。

这里将"坑宽""坑长""坑深""斜面角度""模数"等作为"共享参数"和"类型"参数，因为这些参数名称可与其他项目参数共享，且这些参数取值的合理组合（族类型）具有可多次重复使用的特性；而 B_1、X 等为公式计算值，采用"族参数"和"实例参数"即可。"板厚"按"共享参数""实例参数""报告参数"定义。

提示：类型参数采用公式计算时，公式中不能出现实例参数，否则会出错，如图 B.4-1 所示。

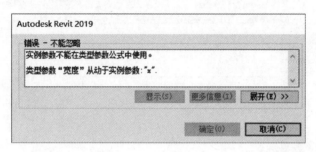

图 B.4-1　标注参照平面

B.4.2　添加"类型参数"

单击"创建"➤"属性"➤ （族类型），打开【组类型】对话框，如图 B.4-2 所示。

添加参数：单击【族类型】对话框下侧的 （新建参数），打开【参数属性】对话框，如图 B.4-3 所示。

添加共享参数：单击"选择"按钮，打开【共享参数】对话框，如图 B.4-4 所示。

根据实际需要选择"参数组"并在"参数"列表中选择适当的参数名；若"参数"列表中没有合适的参数，可单击"编辑（E）"按钮新建"参数"。完成后单击"确定"按钮，回到【参数属性】对话框再单击"确定"，至此完成一个参数的新建任务。同理可完成其他共享参数的新建任务，如图 B.4-5～图 B.4-7 所示。

设置该类型对应的各参数值，如图 B.4-8、图 B.4-9 所示。

B.4.3　创建类型名称

单击"类型名称"编辑栏右侧的 （新建类型），打开【名称】对话框，输入集水坑的类型名称。类型名称的命名应简洁明了、方便使用，可将集水坑的长、宽、高等主要几何尺寸作为其类型名的一部分，便于选用时一目了然。编辑好后单击"确定"按钮，如图 B.4-10 所示。

B.4.4　添加"族参数"

添加"族参数"B1[①]，完成后单击"确定"按钮，如图 B.4-11 所示。

---

① 正确写法应为 B_1。软件中误为 B1，为方便读者对照，保留了软件中的用法，余同——编者注。

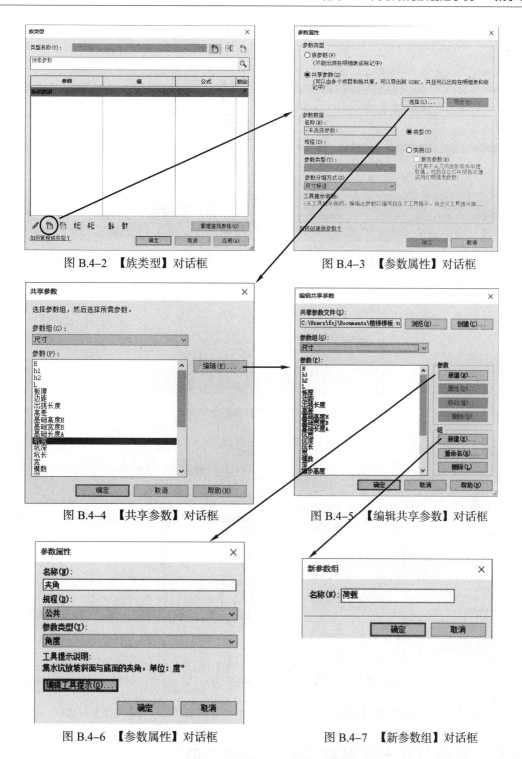

图 B.4-2 【族类型】对话框

图 B.4-3 【参数属性】对话框

图 B.4-4 【共享参数】对话框

图 B.4-5 【编辑共享参数】对话框

图 B.4-6 【参数属性】对话框

图 B.4-7 【新参数组】对话框

同理完成其他"族参数"X、t 的添加任务，如图 B.4-12 所示。

内置公式，待"尺寸标注"与"参数"的关联关系完成后统一添加，设置完参数后单击"确定"按钮。

图 B.4-8　【族类型】对话框

图 B.4-9　在【族类型】对话框中输入参数值

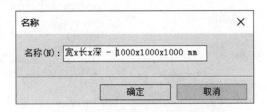

图 B.4-10　类型名称添加示例

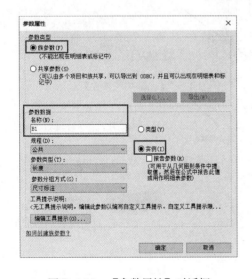

图 B.4-11　【参数属性】对话框

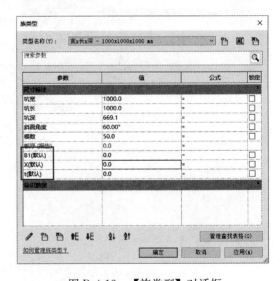

图 B.4-12　【族类型】对话框

B.5　参数与集水坑各部分尺寸标注关联

B.5.1　立面视图中参数与尺寸标注的关联

在立面视图"前"中，完成各"尺寸标注"与"参数"间的关联，如图 B.5-1 所示。

其中报告参数"板厚"只能与一个"尺寸标注"进行关联（即与集水坑附着的板的测量厚度关联，不能再与"t＝331"关联）。

B.5.2　平面视图中参数与尺寸标注的关联

转至平面视图"参照标高"，完成"尺寸标注"与"参数"间的关联，如图 B.5-2、图 B.5-3 所示。

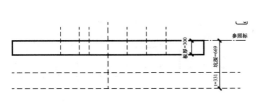

图 B.5-1　立面视图"前"参数关联

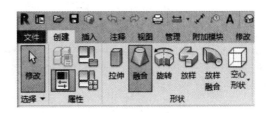

图 B.5-2　融合形状创建命令

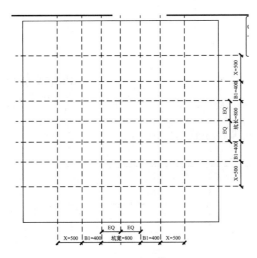

图 B.5-3　平面视图参数关联

B.6　创建集水坑实体

集水坑实体是倒梯台形体，可采用"实心融合"命令创建。单击"创建" ➤ "形状" ➤ 🍷（融合），进入倒梯台修改编辑状态。

先编辑倒梯台的底部轮廓，采用 ▭（矩形）绘制，如图 B.6-1 所示。

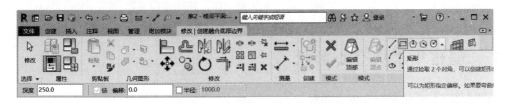

图 B.6-1　倒梯台修改编辑功能

　　沿参照平面的定位线绘制倒梯台的底部轮廓，并将其与参照平面对齐并锁定，如图 B.6-2 所示。

　　再编辑倒梯台的顶部轮廓，单击"修改│创建融合底部边界"➤"模式"➤"编辑顶部"图符菜单，用▭（矩形）绘制倒梯台的顶部轮廓，并与参照平面对齐并锁定，如图 B.6-3 所示。

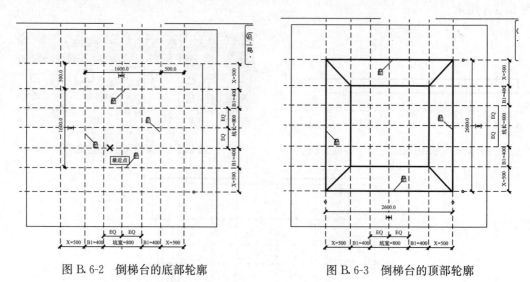

图 B.6-2　倒梯台的底部轮廓　　　　　　　图 B.6-3　倒梯台的顶部轮廓

　　完成后单击✔（完成编辑模式），如图 B.6-4 所示。

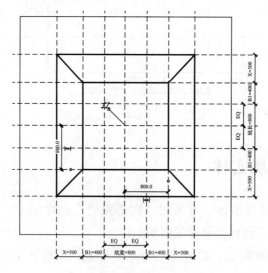

图 B.6-4　集水坑实体示例

B.7　创建集水坑空心形状

　　采用"空心形状"命令创建，如图 B.7-1 所示。

图 B.7-1 "空心形状"命令

采用"矩形"绘制空心形状，并与参照平面对齐并锁定，如图 B.7-2 所示。
创建完成后单击 ✅ （完成编辑模式），如图 B.7-3 所示。

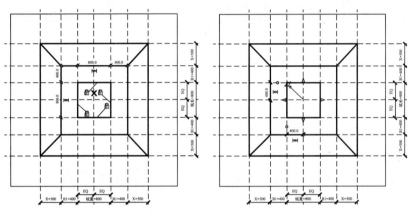

图 B.7-2 空心形状平面轮廓   图 B.7-3 集水坑"空心形状"示例

B.8 编辑实心和空心形状

转至立面视图"前"，如图 B.8-1 所示。
将集水坑实体（倒梯台）底面、顶面分别与对应的参照平面对齐并锁定，如图 B.8-2、图 B.8-3 所示。
再将集水坑空心形状底部与对应的参照平面对齐并锁定，如图 B.8-4 所示。

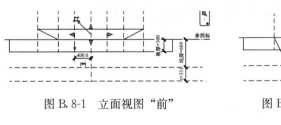

图 B.8-1 立面视图"前"

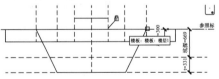

图 B.8-2 倒梯台底面对齐并锁定

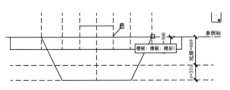

图 B.8-3 倒梯台顶面对齐并锁定

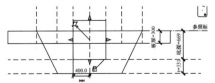

图 B.8-4 空心形状底部对齐并锁定

B.9   楼板开洞

用集水坑空心形状剪切楼板，先选楼板，再选择空心形状，完成后楼板上出现空心形状剪切后的形状，如图 B.9-1 所示。

转至三维视图，可看到集水坑的效果，如图 B.9-2 所示。

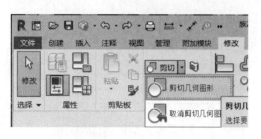

图 B.9-1　"剪切"命令

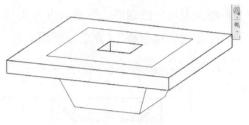

图 B.9-2　集水坑三维视图

B.10   编辑公式

利用预先设置的参数，在【族类型】对话框中添加集水坑族需要使用的参数，具体如图 B.10-1 所示。

图 B.10-1　集水坑族公式示意

B.11   修改集水坑的材质

选择集水坑实体，在【属性】对话框上，单击"材质"对应的"值"列，然后单击 🖿，如图 B.11-1 所示。

在弹出的【材质浏览器】对话框（如图 B. 11-2 所示）中，选择适当的材质，然后单击"确定"按钮。回到【属性】对话框，若显示的材质与选择的不一致，可以再重复选择一次，如图 B. 11-3 所示。

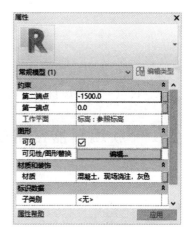

图 B. 11-1　更改"材质"　　图 B. 11-2　【材质浏览器】对话框　　图 B. 11-3　"材质"修改后

修改材质后，集水坑最终的三维效果如图 B. 11-4 所示。

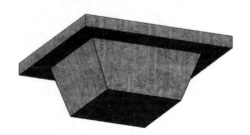

图 B. 11-4　集水坑三维模型示意

附录 C 族创建中的公式使用

"公式"在族创建过程中十分常用，合理使用公式不但可以简化族，提高族的运行速度，还可以使族在项目中变得更灵活。

C.1 族编辑器常用公式

公式支持以下运算操作：加、减、乘、除、指数、对数和平方根，三角函数运算（正弦、余弦、正切、反正弦、反余弦和反正切），对公式中的值使用舍入函数等。表 C.1-1 列出了族编辑器中最常用的公式。

族编辑器常用公式表

表 C.1-1

运算逻辑	运算符号	示例	示例的返回值
加	＋	200mm＋300mm	500mm
减	－	500mm－200mm	300mm
乘	＊	200mm＊300mm	60000mm²
除	/	300mm/2	150mm
指数	^	2mm^3	8mm³
对数	log	log（10）	1
平方根	sqrt	sqrt（16）	4
正弦	sin	sin（90）	1
余弦	cos	cos（90）	0
正切	tan	tan（45）	1
反正弦	asin	asin（1）	90°
反余弦	acos	acos（0）	90°
反正切	atan	atan（1）	45°
10 的 x 次方	exp（x）	exp（2）	100
绝对值	abs	abs（－3）	3
四舍五入	round	round（4.5）	5
取上限	roundup	roundup（4.1）	5
取下限	rounddown	rounddown（4.5）	4
圆周率 π	pi（）	pi（）	3.1415926...

注：公式中的参数名是区分大小写的。例如，如果某个参数名以大写字母开头，如 Width，则必须在公式中以大写字母输入该名称。如果在公式中使用小写字母输入该名称，如 width＊2，则软件无法识别该公式。

C.2 族编辑器中可用的条件语句

可以在公式中使用条件语句，来定义族中取决于其他参数状态的操作。使用条件语句，软件会根据是否满足指定条件来输入参数值。在某些情况下，条件语句是很有用的；但是，它们会使族变得更复杂，应仅在必要时使用。

对于大多数"类型参数"，条件语句是不必要的，因为"类型参数"本身就像一个条件语句：如果这是类型，则将该参数设置为指定值。条件语句更适合用于实例参数，尤其是用于设置不连续变化的参数。

条件语句使用以下结构：IF(〔条件〕,〔条件为真时的结果〕,〔条件为假时的结果〕)

提示：IF 语句中的"("")"","等均为英文半角字符。

这表示输入的参数值取决于是满足条件（真）还是不满足条件（假）。如果条件为真，则软件会返回条件为真时的值；如果条件为假，则软件会返回条件为假时的值。

条件语句可以包含数值、数字参数名和 Yes/No 参数。在条件中可使用下列比较符号：$<$、$>$、$=$。还可以在条件语句中使用布尔运算符：AND、OR、NOT。当前不支持$\leqslant$和$\geqslant$。要表达这种比较符号，可以使用逻辑值 NOT。例如，$a\leqslant b$ 可输入为 NOT（$a>b$）。

表 C.2-1 列出了族编辑器中常用的条件表达式语句，基本语法和 VB 等编程语言十分相似，对于稍有编程基础的人不难掌握。

常用条件表达式语句表

表 C.2-1

运算逻辑	符号	示例	示例的返回值
大于	$>$	a>b	若 a>b，条件为真，否则为假
小于	$<$	a<b	若 a<b，条件为真，否则为假
等于	$=$	a=b	若 a=b，条件为真，否则为假
逻辑与	AND	AND（a=1，b=2）	当 a=1 及 b=2 时，条件为真，否则为假
逻辑或	OR	OR（a=1，b=2）	当 a=1 或 b=2 时，条件为真，否则为假
逻辑非	NOT	NOT（x>1）	若 x>1，条件为假，否则为真

下面是使用条件语句的公式示例：

简单的 IF 语句：＝IF(Length<3000mm,200mm,300mm)

带有文字参数的 IF 语句：＝IF(Length>35′,"String1","String2")

带有逻辑 AND 的 IF 语句：＝IF(AND(x=1,y=2),8,3)

带有逻辑 OR 的 IF 语句：＝IF(OR(A=1,B=3),8,3)

嵌套的 IF 语句：＝IF(Length<35′,2′6″,IF(Length<45′,3′,IF(Length<55′,5′,8′)))

带有 Yes/No 条件的 IF 语句：＝Length>40（请注意，条件和结果都是隐含的。）

附录 D 正向设计图纸示例

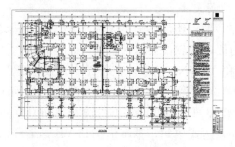

图 D.0-1 基础平面布置图

图 D.0-2 框架柱平法施工图

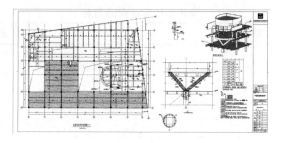

扫码看图

图 D.0-3 结构平面布置图

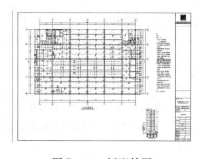

图 D.0-4 板配筋图

图 D.0-5 梁详图

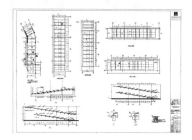

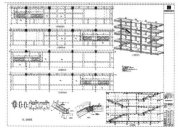

图 D.0-6 机动车坡道详图

图 D.0-7 楼梯详图

240

参 考 文 献

[1] 李云贵. 建筑工程设计 BIM 应用指南 [M]. 2 版. 北京：中国建筑工业出版社，2017.

[2] 中建西南院数字创新设计研究中心. BIM 硬件杂谈：一把倚天剑，助力 BIM 江湖 [EB/OL]. [2021-07-01]. https://mp. weixin. qq. com/s/lJO5vHCZALy-DzGjISIU5g.

[3] BIMBOX. 2020 年 BIMer 配电脑，看这篇就够了！[EB/OL]. [2021-07-01]. https://mp. weixin. qq. com/s/mkcQI2ArZ-PIB-Knd5cssg.

[4] JoyBiM. BIM 杂谈：2002-2020，BIM18 周年 [EB/OL]. [2021-07-01]. https://mp. weixin. qq. com/s/uv-zaESqTa-qBd33nwL4rg.

[5] Autodesk. 帮助文档-有关族 [EB/OL]. [2021-07-01]. https://knowledge. autodesk. com/zh-hans/support/revit-products/learn-explore/caas/CloudHelp/cloudhelp/2022/CHS/Revit-Model/files/GUID-6DDC1D52-E847-4835-8F9A-466531E5FD29-htm. html.

[6] Autodesk. 帮助文档-关于视图范围 [EB/OL]. [2021-07-01]. https://knowledge. autodesk. com/zh-hans/support/revit-products/learn-explore/caas/CloudHelp/cloudhelp/2022/CHS/Revit-DocumentPresent/files/GUID-58711292-AB78-4C8F-BAA1-0855DDB518BF-htm. html? us _ oa ＝ dotcom-us＆us _ si ＝ 58b7e364-a38f-4512-8b4d-d92d7da2328c＆us_ st ＝％E8％A7％86％E5％9B％BE％E8％8C％83％E5％9B％B4.

[7] Autodesk. 帮助文档-关于共享坐标 [EB/OL]. [2021-07-01]. https://knowledge. autodesk. com/zh-hans/support/revit-products/learn-explore/caas/CloudHelp/cloudhelp/2021/CHS/Revit-Collaborate/files/GUID-B82147D6-7EAB-48AB-B0C3-3B160E2DCD17-htm. html? us _oa ＝ akn-us＆us _si ＝ 312a8284-2a53-4cc7-b618-34f49b8b277a＆us_st ＝％E5％85％B1％E4％BA％AB％E5％9D％90％E6％A0％87.

[8] 中华人民共和国住房和城乡建设部. 建筑信息模型设计交付标准：GB/T 51301—2018 [S]. 北京：中国建筑工业出版社，2018.

[9] 中华人民共和国住房和城乡建设部. 建筑信息模型应用统一标准：GB/T 51212—2016 [S]. 北京：中国建筑工业出版社，2017.

[10] 中华人民共和国住房和城乡建设部. 建筑信息模型分类和编码标准：GB/T 51269—2017 [S]. 北京：中国建筑工业出版社，2018.

[11] 中华人民共和国住房和城乡建设部. 建筑信息模型施工应用标准：GB/T 51235—2017 [S]. 北京：中国建筑工业出版社，2017.

[12] 中华人民共和国住房和城乡建设部. 建筑工程设计信息模型制图标准：JGJ/T 448—2018 [S]. 北京：中国建筑工业出版社，2019.

[13] 长沙恩为软件有限公司. PDST 介绍 [EB/OL]. [2021-07-01]. http://www. enweisoft. com/index. php? m＝index＆f＝index＆t＝mhtml.

[14] 北京探索者软件股份有限公司. 探索者全专业正向 BIM 设计系统 [EB/OL]. [2021-07-01]. https://www. tsz. com. cn/Bimsys. jsp.

[15] 北京盈建科软件股份有限公司. YJK 和 Revit 接口软件 [EB/OL]. [2021-07-01]. http://www. yjk. cn/cms/item/view? table＝prolist＆id＝16.

参考文献